应用型本科院校计算机类专业校企合作实训系列教材

# 单片机原理与应用实验指导

主　编　徐家喜
副主编　杨立林　陈　飞　王　燕

南京大学出版社

# 应用型本科院校计算机类专业校企合作实训系列教材编委会

# 序 言

在当前的信息时代和知识经济时代,计算机科学与信息技术的应用已经渗透到国民生活的方方面面,成为推动社会进步和经济发展的重要引擎。

随着产业进步、学科发展和社会分工的进一步精细化,计算机学科新知识、新领域层出不穷,多学科交叉与融合的计算机学科新形态正逐渐形成。2012 年,国家教育部公布《普通高等学校本科专业目录(2012 年)》中将计算机类专业分为计算机科学与技术、软件工程、网络工程、物联网工程、信息安全、数字媒体技术等专业。

随着国家信息化步伐的加快和我国高等教育逐步走向大众化,计算机类专业人才培养不仅在数量的增加上,也在质量的提高上对目前的计算机类专业教育提出更为迫切的要求。社会需要计算机类专业的教学内容的更新周期越来越短,相应地,我国计算机类专业教育也在将改革的目标与重点聚焦于如何培养能够适应社会经济发展需要的高素质工程应用型人才。

作为应用型地方本科高校,南京晓庄学院计算机类专业在多年实践中,逐步形成了陶行知"教学做合一"思想与国际工程教育理念相融合的独具晓庄特色的工程教育新理念。学生在社会生产实践的"做"中产生专业学习需求和形成专业认同;在"做"中增强实践能力和创新能力;在"做"中生成和创造新知识;在"做"中涵养基本人格和公民意识;同时要求学生遵循工程教育理念:标准的"做"、系统的"做"、科学的"做"、创造的"做"。

实训实践环节是应用型本科院校人才培养的重要手段之一,是应用型人才培养目标得以实现的重要保证。当前市场上一些实训实践教材导向性不明显,可操作性不强,系统性不够,与社会生产实际联系不紧。总体上来说没有形成系列,同一专业的不同实训实践教材重复较多,且教材之间的衔接不够。

《教育部关于"十二五"普通高等教育本科教材建设的若干意见(教高[2011]05 号)》要求重视和发挥行业协会和知名企业在教材建设中的作用,鼓励行业协会和企业利用其具有的行业资源和人才优势,开发贴近经济社会实际的教材和高质量的实践教材。南京晓庄学院计算机类专业积极开展校企联合实训实践教材建设工作,与国内多家知名企业共同规划建设"应用型本科院校计算机类专业校企合作实训系列教材"。

本系列教材是基于计算机学科和计算机类专业课程体系建设基本成熟的基础上,参考《中国计算机科学与技术学科教程 2002》(China Computing Curricula 2002,简称 CCC2002)并借鉴 ACM 和 IEEE CC2005 课程体系,经过认真的市场调研,我校优秀教学科研骨干和行业企业专家通力合作而成的,力求充分体现科学性、先进性、工程性。

本系列教材在规划建设过程中体现了如下一些基本组织原则和特点。

1. 贯彻了"大课程观"、"大教学观"和"大工程观"的教学理念。教材内容的组织和案例的甄选充分考虑复杂工程背景和宏大工程视野下的工程项目组织、实施和管理,注重强化了具有团队协作意识、创新精神等优秀人格素养的卓越工程师培养。

2. 体现了计算机学科发展趋势和技术进步。教材内容适应社会对现代计算机工程人才培养的需求,反映了基本理论和原理的综合应用,反映了教学体系的调整和教学内容的及时更新,注重将有关技术进步的新成果、新应用纳入教材内容,妥善处理了传统知识的继承与现代工程方法的引进。

3. 反映了计算机类专业改革和人才培养需要。教材规划以 2012 年教育部公布的新专业目录为依据,正确把握了计算机类专业教学内容和课程体系的改革方向。在教材内容和编写体系方面注重了"学思结合"、"知行合一"和"因材施教",强化了以适应社会需要为目标的教学内容改革,由知识本位转向能力本位,体现了知识、能力、素质协调发展的要求。

4. 整合了行业企业的优质技术资源和项目资源。教材采用校企联合开发和建设的模式,充分利用行业专家、企业工程师和项目经理的项目组织、管理、实施经验的优势,将企业的实际实施的工程项目分解为若干可独立执行的案例,注重了问题探究、案例讨论、项目参与式教育教学方式方法的运用。

5. 突出了应用型本科院校基本特点。教材内容以适应社会需要为目标,突出"应用型"的基本特色,围绕培养目标,以工程应用为背景,通过理论与实践相结合,重视学生的工程应用能力的培养,增强学生的技能的应用。

相信通过这套"应用型本科院校计算机类专业校企合作实训系列教材"的规划出版,能够在形式上和内容上显著提高我国应用型本科院校计算机类专业实践教材的整体水平,继而提高计算机类专业人才培养质量,培养出符合经济社会发展需要和产业需求的高素质工程应用型人才。

李洪天

南京晓庄学院党委书记　教授

# 前　言

　　《单片机原理与应用》是一门实践性很强的课程,而提高教学质量的一个重要环节是上机实践,无论是学习程序设计,还是学习接口电路和外设与计算机的连接,或者软硬结合地研制单片机应用系统,不通过加强动手实践是不能获得预期效果的。所以为配合《单片机原理与应用》课程的教学,结合 DVCC‐ZHC3 单片机实验仪编写了这本实验指导书。同时,本实验指导提供了大部分的 Proteus 仿真原理图,为学生学习实验、预习实验提供了很好的仿真平台。

　　本书多个实验的指导性材料,有些实验为有一定难度的选做项目,可以根据课时的安排和教学要求进行取舍,本书所有实验仿真图及参考代码可以与 xujiaxi@126.com 联系。

　　由于编者学识有限,如有不妥之处,欢迎读者批评指正。

编　者

2012.12

# 目　录

## 第一部分　单片机实验系统软硬件使用说明

## 第二部分　基础实验

# 第三部分　提高实验

# 第四部分　综合实验

# 第一部分

单片机实验系统软硬件使用说明

# 第一章　综合实验装置组成与结构

本实验装置由综合实验平台、实验桌(含电脑桌)和微机集于一体而组成,其中综合实验平台由系统电源、系统信号板、单片机仿真器、常用单片机接口实验板、各种新型总线和新型外设控制接口实验板组成。下面对综合实验平台作详细介绍。

## 1.1　系统电源

(1)系统电源参数

实验装置内置2个开关电源。其中有一个为综合实验平台的工作电源,它提供+5 V/2.5 A、-5 V/0.5 A、±12 V/0.5 A共四组。

(2)系统电源的使用

在综合实验平台的左侧面有一个交流220 V电源开关(带漏电保护器),合上电源,内置开关电源即开始工作。开关电源的输出同时接到实验平台的3块电路板上,电路板上都有自己的直流电源开关,打开直流电源开关,电路板才开始工作。系统信号板上左上角有2个开关,只要打开它,整个信号板全部通电。其他2块电路板上部分模块都有自己的电源开关,只要开启本模块电源开关,本模块就可以工作。

## 1.2　系统信号板

(1)16路发光二极管输出显示(开关量输出显示)

提供16位开关量输出显示,高电平亮,低电平灭。L0~L15为开关量输出插孔。

(2)16路开关量输入并显示

提供16位开关量输入,并带有电平指示。开关拨在上面为高电平("1"电平),对应指示灯亮,反之为低电平("0"电平),对应指示灯灭。K0~K15为开关量输入插孔。

(3)函数发生器

系统提供一通用函数发生器。可输出正弦波、三角波、方波。

幅值:正弦波:0~14 V(14 V为峰-峰值,且正负对称)。

　　　三角波:0~24 V(24 V为峰-峰值,且正负对称)。

　　　方波:0~24 V(24 V为峰-峰值,且正负对称)。

频率范围分四挡2 Hz~20 Hz、20 Hz~200 Hz、200 Hz~2 kHz、2 kHz~20 kHz。

(4)直流信号源

有双路0~±5 V、0~±0.5 V两挡连续可调out1和out2,出厂时为0~±5 V连续可调,按钮按下时为输出0~±0.5 V连续可调。

(5)频率计

板上提供50MHz液晶显示数字频率计。当测量本系统的信号频率时,只需要将被测信号源和频率计模块中的PLJ插孔相连即可,当测量系统外的信号频率时,还需将地线GND插孔和外部设备的地线相连。

（6）虚拟示波器

板上自带双通道虚拟示波器测量卡，通过电脑显示器显示被测信号源的各种波形。使用时只要将示波器模块上的 9 芯 RS232 串口插座通过专用电缆连到电脑的标准 RS232 插座上，再运行相应的软件 Wave 即可。

（7）固定脉冲发生器

系统提供 10 M 有源晶振，经 74LS390 分频产生 10 组固定频率方波信号输出。它们分别是 1 Hz、10 Hz、100 Hz、1 kHz、10 kHz、100 kHz、500 kHz、1 MHz、5 MHz、10 MHz。

（8）数字电压表

系统提供 3 位半数字显示电压表，测量范围在 -19.99 V～+19.99 V。

（9）单脉冲及相位滞后脉冲发生器

系统上配有 4 个单脉冲按钮 S1～S4，产生 4 路正负单脉冲，每个按钮下面有两个对应的插孔，其中 P11、P21、P31、P41 插孔输出正脉冲，/P11、/P21、/P31、/P41 插孔输出负脉冲，脉冲宽度等于按钮按下的时间。在产生±单脉冲的同时，还将产生相位滞后的窄脉冲，输出插孔为 P12、P22、P32、P42。单脉冲发生器采用 RS 触发器构成消抖电路。单脉冲产生的方法如下：

如果把一个时钟源接入 CLK-IN 插孔，则按一次按钮，除产生±脉冲外，还将产生 4 个窄脉冲，窄脉冲的宽度与输入的时钟周期相同，各窄脉冲相位相差一个时钟周期。输出脉冲的个数取决于按钮的位置，按钮 S1 产生 4 个窄脉冲，按钮 S2 产生 3 个窄脉冲，按钮 S3 产生 2 个窄脉冲，按钮 S4 产生一个窄脉冲。图 1-1 为按下按钮 S1 产生的±单脉冲和 4 个窄脉冲的相位图。

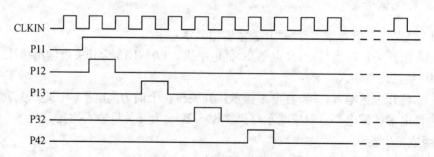

**图 1-1　S1 脉冲的行列**

（10）系统电源引出插孔排

板上将 4 组工作电源±5 V、±12 V 和地线（GND）全部用插孔引出，便于扩展其他外设时，为外设提供工作电源。使用时，要先打开该板上左上角的两个电源开关。

（11）模拟电压产生电路

在该板的右下角电位器组提供 1 路模拟电压发生电路，为 0～+5 V，由插孔 0～5 V 引出。该区域另两个电位器留给用户自由使用。

（12）IC 插座区

板上设有 2 只 IC-14，2 只 IC-8，1 只 IC-40 空插座，其中 IC-40 为锁紧插座，可以作为扩展 I/O 接口器件用。

## 1.3　常用单片机接口实验板

本实验板扩展有各种单片机常用的接口电路,电路以模块化结构组成,各模块电路的数据线、地址线、控制线等均连到该板的右下角系统扩展1。系统扩展1实际上就是单片机接口实验的CPU区域,在仿真状态下使用模块电路时,系统扩展1的8051位置接仿真器的40芯仿真头,CPU的全部I/O口由插孔引出,同时,系统设计有地址锁存器74LS373,为模块电路提供低位地址线,还设计有译码电路74LS138,为模块电路提供片选信号。译码输出Y0~Y7由插孔引出。如果仿真插座位置直接插入单片机CPU,那么本实验板就是一单片机的应用系统,应用系统电路可以由用户自己组合设计一个或几个模块电路。

（1）定时/计数器8253A接口电路

8253A内部有3个独立的16位减法计数器。分别为计数器0、计数器1、计数器2,每个计数器有一个时钟输入端CLK、控制端GATE(高电平有效)、一个计数输出out。在本系统中3个计数器的GATE已接高电平。时钟输入和计数器输出、计数器控端全部由插孔引出。分别为CLK0、CLK1、CLK2、out0、out1、out2、GATE0、GATE1、GATE2。在使用本实验电路时,8253A芯内的片选信号8253CS需要用户自己连接,同时8251模块区的电源开关需打开。

（2）串行通信接口电路8251A

8251A是一种可编程的同步/异步串行通信接口芯片,具有独立的接收器和发送器,能实现单工、半双工、双工通信。接收端8251RXD和发送端8251TXD以及8251片选信号8251CS全部由插孔引出。实验时需要用户自己连接。

（3）单路8位数模转换DAC0832

DAC0832数模转换器的分辨率为8位,电流建立时间为1 $\mu$s。单一电源5 V～15 V直流供电。本系统采用＋12 V供电,基准电压输入采用＋5 V(内部已连好),由W1调节产生。在使用本电路时,先开启电源,对应指示灯亮。DAC0832的片选信号0832CS和模拟量输出Aout1由插孔引出,当数字量由00H～0FFH变化时,从Aout1输出的模拟电压为－5 V～＋5 V,电路才可以工作。

（4）8路8位模数转换DAC0809

DAC0809是一种8路模拟输入,8位数字输出的逐次逼近法A/D器件。转换时间约为100 $\mu$s,适用多路采集系统。影响A/D转换精度的一个重要系数基准电压Vref为＋5 V。在本电路中由电位器W1调节产生(出厂时已调好)。8路模拟量输入IN0～IN7,0809的工作时钟信号0809CLK、0809的片选信号0809CS、A/D转换结束信号EOC(高电平有效)和其反向信号/EOC全部由插孔引出。实验时需用户自己连接。在使用本电路时,先开启电源,对应指示灯亮,电路才可以工作。

（5）编程并行I/O接口8255A

8255A具有3个8位I/O端口,可编程为输入或输出。3个8位I/O口全部由插孔引出。同时,8255A的片选信号8255CS亦由插孔引出。在实验时需要连接。在使用本电路时,先开启电源,本电路才开始工作,电路中有一PRINT插座,用于连接打印机,做打印机控制实验。

（6）并行RAM/IO接口电路8155

8155内部有256字节RAM存贮器、两个可编程8位串行口、一个6位串行口和一个14位计数器,是单片机系统中最适用的外围器件。8155的片选信号8155CS、存贮器/IO口选择线 IO/M、计数器时钟输入 TMRIN、计数输出 TMRout 均由插孔引出。实验时需用户自己连接。在使用本电路时,先开启电源,本电路才开始工作。

(7) 语音录放电路 ISD1420

本电路采用语音录/放专用芯片 ISD1420。模块电路中有语音录入设备麦克风、语音输出可以通过 LB 二芯插头连到喇叭接口 SPEAKER,录/放音方式可以程序控制亦可以手动控制。由 AN1 按钮来切换。手动控制时由放音键和录音键进行录/放控制。控制芯片 ISD1420 的片选信号由插孔 UYCS 引出,实验时需用户自己连接。在使用本电路模块时先开启电源,电路才可以工作。

(8) 单片机系统简单 I/O 口扩展电路

在单片机系统中 CPU 自带的 I/O 口不够用时需外扩 I/O 接口,这里介绍简单 I/O 口的扩展方法。

简单输入口扩展采用二路四总线三态输出缓冲器 74LS244 构成 8 位输入口。74LS244 的输出接到单片机系统数据总线,输入接外部需读取的开关量,通过数据总线来读取输入端开关量的状态。74LS244 的输出控制端/1G 和/2G 相连后,作为 74LS244 的片选信号 244CS 和其 8 位输入 1A1～1A4、2A1～2A4 全部由插孔引出,实验时需连接,1A1～1A4、2A1～2A4 对应 PI0～PI7。

简单输出口的扩展采用 8D 触发器 74LS273,其 8 位输入接单片机数据总线,8 位输出接外部需控制的开关量。74LS273 的清零信号接系统复位/RST,时钟 CLK 作为 74LS273 片选信号由插孔 273CS 引出,74LS273 的 8 位输出 Q0～Q7 由插孔 P00～P07 引出。在使用简单 I/O 口扩展电路时,先开启电源,整个模块电路才可以工作。

(9) 继电器控制

本电路采用 JDC - 3F5VDC 继电器,输出可控制 220 V/2 A、125 V/12 A 交流负载。本系统中用指示灯作为负载,继电器的控制输入为 JIN,经 7407 驱动后输出到继电器线圈。低电平时,继电器动作。继电器的常开、常闭触点输出接二个指示灯用于指示继电器触点状态。

(10) 音乐发生电路

音乐发生电路由控制输入端 SIN,放大电路和喇叭组成,只要控制 SIN 端输入的高低电平时间和频率的变化,就可以让喇叭发出悦耳的音乐。

(11) V/F 转换电路

本模块采用通用型的单片集成 V/F 转换器 LM331,其输出频率为 1 Hz～100 kHz,电路中电压输入端由插孔 VFIN 引出,频率输出由 Fout1 插孔引出,电位器 W3 用于校正输出频率,W2 用于调节比较阈值电压,以改善线性度。

(12) 8 位串并转换电路

串并转换就是将串行输入数据转换为并行数据输出。本电路采用 8 位并行输出串行移位寄存器 74LS164 来实现,串行数据输入端由 DATA 插孔引出,串行移位时钟由 CLK 插孔引出。并行输出接 2 位七段数码管,用于显示并行输出数据。

(13) 直流电机控制与驱动

系统中设计有一个＋5 V 直流电机及相应的驱动电路。小直流电机的转速是由加到其输入端"DJ1"的脉冲电平及占空比来决定的,正向占空比越大转速越快,反之越慢。驱动电路输出接直流电机。电机的控制输入插孔为 DJ1,电机的红外测速信号输出由 DJ - FO 插孔引出。

（14）步进电机及驱动电路

步进电机是工业控制及仪表中常用的控制元件之一。它有输入脉冲与电机轴转角成比例的特征，在智能机器人、软盘驱动器、数控机床中广泛使用，微电脑控制步进电机最适宜。系统中设计使用 20BY－0 型号步进电机，它使用＋5 V 直流电源，步距角为 18C，电机线圈由四相组成，即 A、B、C、D 四相。

## 1.4　新型总线和新型外设接口控制电路实验板

由于本实验中扩展有多个 I²C 总线接口器件，有 I²C 串行 E²PROM 24C02，I²C 串行 8 位 A/D TLC549，I²C 串行 10 位 D/A TLC5615，I²C 串行日历/时钟，I²C 串行键盘显示控制电路 ZLG7290 等模块，所有 I²C 总线器件模块公用一只电源开关 SI²C。只有开启 SI²C，对应指示灯 LI²C 亮。各 I²C 模块电路才可以工作。每个 I²C 器件地址由用户自己设定。

（1）I²C 串行 E²PROM 24C02

串行 E²PROM 24C02 为 2 线制 I²C。两线为串行数据线（SDA）和串行时钟线（SCL）。本电路中这两根线由插孔 SDA－02 和 SCL－02 插孔引出。在使用时由用户自己连接。

（2）I²C 串行 8 位 A/D TLC549

TLC549 为 8 位串行输出 A/D 转换器，其模拟量输入端由 AIN 插孔引出。基准电压由插孔 REF＋插孔引出，器件的片选信号由 TCS 插孔引出，串行时钟信号由 TACK 插孔引出，转换后数字量串行数据输出由 Dout 插孔引出。在使用本电路时，这些信号需要由用户正确连接。

（3）I²C 串行 10 位 D/A TLC5615

TLC5615 为 10 位串行输入 D/A 转换器。其串行数字量输入端由插孔 DIN 引出，串行时钟信号由插孔 SCLK 引出，器件选通信号由 CS 插孔引出，转换后结果模拟量由 Aout 插孔引出。在使用本电路时，以上信号需要用户正确连接。

（4）I²C 日历/时钟 PCF8563

本系统中用到的 PCF8563 是模拟 I²C 总线进行数据传输的。其串行数据 I/O 端由插孔 SDA－03 插孔引出，串行时钟输入端由 SCL－03 插孔引出。中断输出由插孔 INT－RTC 引出。使用报警功能时用到该引脚。可编程时钟输出由插孔 OUT－RTC 引出。

（5）I²C 串行键盘显示控制器 ZLG7290

ZLG7290 键盘显示控制器同时能驱动 8 个 LED 数码管和 64 个按键，本电路中连接了 8 个 LED 数码管和 8 个按键，这 8 个数码管的段码 a-h 和位选择端全部由插孔引出，可以连接其他 I/O 器件进行数码管显示实验。ZLG7290 芯片的串行数据端由插孔 SDA－04 引出，串行时钟由插孔 SCL－04 引出。键盘输入中断信号由插孔 INT－KEY 引出。在使用本电路时，要正确连接这些信号线。

（6）USB 总线控制接口电路

采用专用 USB 控制接口芯片，其数据线直接接在单片机数据总线上。读写控制线和地址锁存信号线与 51 单片机读写线和地址锁存线直接相连。器件选通线由 CS－USB 插孔引出，中断输出线由插孔 INT♯引出，内置的 I²C 主接口可以外接 I²C 从设备。其串行数据线和串行时钟线由插孔 SDA－05 和 SCL－05 引出。在使用本模块和电脑进行 USB 总线通信时，先连好 USB 电缆，再连好片选信号。模块中器件的电源由电脑侧通过 USB 电缆线提供。

（7）CAN 总线控制应用电路

模块中设计有 CAN BUS 控制器 PHILIPS 的 SJA1000T（支持 CAN2.0B）。收发器采用 TJA1050T，它是通过并行 8 位数据总线方式和单片机相连的。CAN BUS 控制器件 SJA1000T 选通信号由插孔 CAN - CS 引出；读写控制信号由插孔 XRD、XWR 引出；地址锁存信号由 XALE 引出；中断输出由 INT - CAN 插孔引出；以上这些信号线需用户自己正确连接。本电路通过 DB - CAN 接口和外部 CAN 总线相连。在使用本模块时，先开启电源，指示灯 LCAN 亮时，模块电路才可以工作。

（8）以太网接口电路应用

设计有以太网接口控制器件 RTL8019AS（支持 10 M）它是通过并行 8 位数据总线方式与单片机相连的。RTL8019AS 器件的选通信号由插孔 NET - CS 引出，复位输入端由 NET - RST 插孔引出，中断输出由插孔 INT - NET 引出，这些信号在使用时由用户自己正确连接。本电路模块通过以太网标准接口 DB - NET 和外部以太网设备相连。在使用本电路模块时，先开启电源，指示灯 LNET 亮时，电路才可以工作。

（9）RS232/RS485 接口应用电路

RS232 接口芯片采用 MAX232，通过 RS232/485 接口与电脑进行 RS232 接口通信。适用于短距离传输。TTL 电平接收和发送端由插孔 RXD - 232、TXD - 232 引出。RS485 接口芯片采用 MAX485，通过 J485 或 RS232/485 进行 RS485 通信。RS485 接收和发送端由插孔 TXD - 485 和 RXD - 485 引出，收发控制端由插孔 WR - 485 引出，该模块电路电源已连好。

（10）IC 智能卡的应用电路

IC 智能卡是 $I^2C$ 串行 $E^2PROM$ 24C01 的应用，里面实际上设计有一个 $I^2C$ 串行 $E^2PROM$ 24C01。其串行数据线和串行时钟线由 SDA - 01 和 SCL - 01 插孔引出，同时本电路设计有 IC 卡插入指示 LINI，读卡指示 LRDI，写卡指示 LWRI。IC 卡接口模块的电源由开关 $SI^2C$（在其右侧）控制。$SI^2C$ 开关开启时，IC 卡接口模块电路才可以工作。

（11）128×64 点阵汉字 LCD 应用电路

128×64 点阵汉字 LCD 可以显示各种图形、曲线、汉字，其使用非常广泛，它与单片机 CPU 的接口采用 8 位并行总线，编程使用方便。在使用本液晶显示模块时，先开启电源，指示灯 LLCD 亮时，电路才可以工作，电位器 W1 用于调节显示屏的亮度。

（12）16×16 矩阵 LED 应用电路

16×16 矩阵 LED 正好可以显示一个中文字，LED 的控制与驱动用可编程并行接口芯片 8255 和 7407 以及 8D 锁存器 74LS273 来实现。74LS273 的片选信号和 8255 选通信号由插孔 273CS 和 8255CS 引出，由用户自己连接。在使用本模块时，先开启电源，电路才可以工作。

## 1.5　仿真器

该款仿真器是一个支持 Keil C51 设计软件的软件断点仿真机。使用一片 SST89C58 单片机和一片 AT90S8515 单片机来实现仿真功能（主 CPU 和用户 CPU），两片 CPU 之间通过一根 I/O 引脚通讯（通讯速率在 33 M 晶振时约 100 kbps），主 CPU 负责跟 Keil C51 通讯，用户 CPU 只跟主 CPU 通讯．结构框图：

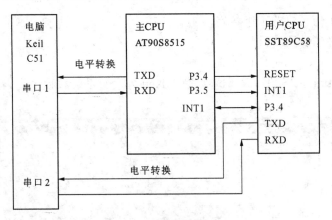

**图 1-2 仿真器结构图**

主要功能和特性：

(1) 支持串口的仿真功能；

(2) 串口中断用户可以使用；

(3) 不占用定时器 2；

(4) 完全仿真 P0,P2 口；

(5) 支持 89C52 等嵌入式 CPU 仿真；

(6) 占用用户堆栈 2 个字节；

(7) 占用 1 条 I/O:P3.5；

(8) ISP 在线编程,在线下载；

(9) 仿真频率最高 33 M；

(10) 支持同时最多 10 个断点；

(11) 支持单步,断点,全速运行；

(12) 支持汇编,C 语言,混合调试；

(13) 支持 KEIL C51 的 IDE 开发仿真环境 $\mu$v2 $\mu$v3 以及更高版本 $\mu$Vision 4；

(14) 单步执行时间(60 ms)；

(15) 程序代码载入(可以重复装载,无需预先擦除用户程序空间)；

(16) SFR 读取速度(128 个)200 ms；

(17) 跟踪记录(trace record)256 条；

(18) 可以仿真标准的 89C51,89C52,89C58 等 51 内核的单片机仿真。

**图 1-3 仿真器实物图**

设置 Keil C51 仿真机的工作参数

选择 Debug 栏的设置项目：

Use：Keil Monitor－51 Driver

Load Application at Start：选择这项之后，Keil 才会自动装载程序代码。

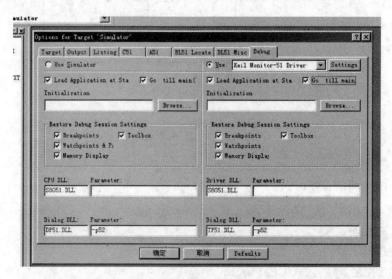

图 1－4　keil-Debug 设置界面图

Go till main：调试 C 语言程序时可以选择这一项，PC 会自动运行到 main 程序处，点击上图的 Settings，打开新的窗口：

Port：设置你的串口号，为仿真机的串口连接线 COM_A 所连接的串口。

Baudrate：设置为 57 600，仿真机固定使用 57 600 bps 跟 Keil 通讯。

Serial Interrupt：选中。

Cache Options：可选也可不选，推荐选它，这样仿真机会运行的快一点。

最后点击 OK 和确定关闭设置。

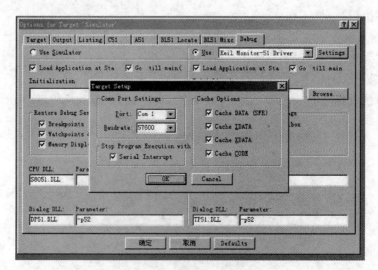

图 1－5　仿真器通讯设置图

编译程序,选择 Project—>Rebuild all target files;

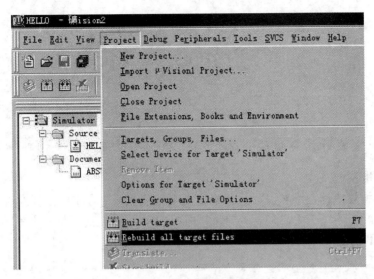

**图 1-6　keil 编译界面图**

编译完毕之后,选择 Debug—>Start/Stop Debug Session,进入仿真;

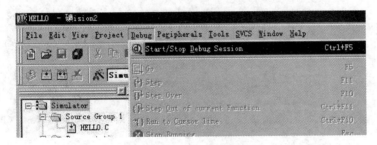

**图 1-7　debug 选择界面图**

装载代码之后,在左下角显示如图:

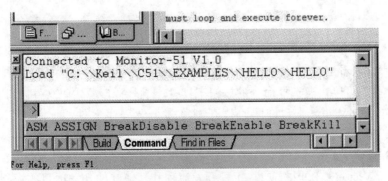

**图 1-8　仿真器连接信息图**

Connected to Monitor-51 V1.0 表示连接到仿真机,仿真机的版本号为1.0。至此,单片机硬件仿真器即可使用,用户可以通过基于 Keil 的各种调试方法进行实验和项目开发,具体的 Keil 使用可以参见第二章内容。

# 第二章　Keil 集成开发环境及
# Proteus ISIS 仿真简介

## 2.1　Keil 集成开发环境简介

### 1. Keil 工作环境

正确安装后,用鼠标左键双击计算机桌面上 Keil 运行图标,或用鼠标左键分别单击计算机桌面上"开始"——"所有程序"——"Keil,即可启动 Keil,启动界面如图 2‒1 所示,进入 Keil 集成开发环境后,其界面如图 2‒2 所示。

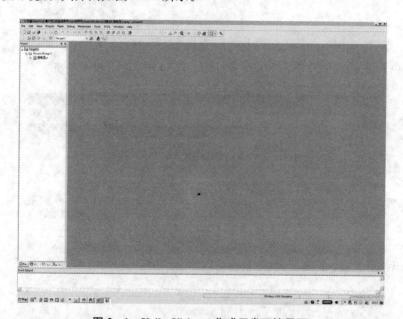

**图 2‒1　Keil μVision 4 集成开发环境界面**

从图 2‒1 可以看出,Keil μVision 4 集成开发环境与其他常用的 Windows 窗口软件类似,设置有菜单栏、可以快速选择命令的按钮工具栏、工程窗口、源代码文件窗口、对话窗口、信息显示窗口。Keil μVision 4 允许同时打开浏览多个源程序文件,具体使用说明可参考文献 1。

### 2. Keil 工程的创建

使用 Keil μVision 4 IDE 的项目/工程开发流程和其他软件开发项目的流程极其相似,具体步骤如下:

- 新建一个工程,从设备器件库中选择目标器件(CPU),配置工具设置;
- 用 C51 语言或汇编语言编辑源程序;
- 用工程管理器添加源程序;

- 编译、链接源程序,并修改源程序中的错误;
- 生成可执行代码,调试运行应用。

为了介绍方便,下面以一个简单实例——单片机流水灯来介绍 Keil 工程的创建过程:

(1) 源程序文件的建立

执行菜单命令 File→new 或者点击工具栏的新建文件按钮,即可在项目窗口的右侧打开一个默认名为 Text1 的空白文本编辑窗口,还必须录入、编辑程序代码,在该窗口中输入以下 C51 语言程序:

μVision4 与其他文本编辑器类似,同样具有录入、删除、选择、复制、粘贴等基本的文本编辑功能。需要说明的是,源文件就是一般的文本文件,不一定使用 Keil 软件编写,可以使用任意文本编辑器编写,需要注意的是,Keil 的编辑器对汉字的支持不好,建议使用记事本之类的编辑软件进行源程序的输入,然后按要求保存,以便添加到工程中。在编辑源程序文件过程中,为防止断电丢失,需时刻保存源文件,第一次执行菜单命令 File→Save 或者点击工具栏的保存文件按钮 🔳,将打开如图 2-2 所示的对话框。在"文件名"对话框中输入源文件的命名。注意必须加上后缀名(汇编语言源程序一般用 . ASM 或 . A51 为后缀名,C51 语言文件用 . C 为后缀名),这里将源程序文件保存为 Example. c。

**图 2-2 命名并保存新建源程序文件**

(2) 建立工程文件

Keil 支持数百种 CPU,而这些 CPU 的特性并不完全相同,在工程开发中,并不是仅有一个源程序文件就行了,还必须为工程选择 CPU,以确定编译、汇编、链接的参数,指定调试的方式,有一些项目还会有多个文件组成等。因此,为管理和使用方便,Keil 使用工程(project)这一概念,即将源程序(C51 或汇编)、头文件、说明性的技术文档等都放置在一个工程里,只能对工程而不能对单一的源文件进行编译(汇编)和链接等操作。

启动 Keil μVision 4 IDE 后,μVision4 总是打开用户上一次处理的工程,要关闭可以执行菜单命令 Project→Close Project。建立新工程可以通过执行菜单命令 Project→New Project,此时将出现如图 2-3 所示的 Create New Project 对话框,要求给将要建立的工程在"文件名"对话框中输入名字,若将工程文件命名为"Example",并选择保存目录,不需要扩展名。

点击"保存"按钮,打开如图 2-4 所示的 Select Device for Target 'Target 1' 的第二个对话框,此对话框要求选择目标 CPU(即所用芯片的型号),列表框中列出了 μVision 4 支持的以生产厂家分组的所有型号的 CPU。Keil 支持的 CPU 很多,这里选择的是 Atmel 公司生产的

AT89S51 单片机，然后再点击"确定"按钮，回到主界面。

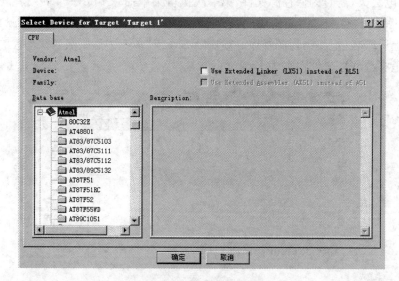

图 2 - 3　建立新工程

图 2 - 4　选择目标 CPU

另外，如果在选择完目标 CPU 后想重新改变目标 CPU，可以执行菜单命令 Project→Select Device for...，在随后出现的目标设备选择对话框中重新加以选择。由于不同厂家许多型号的 CPU 性能相同或相近，如果所需的目标 CPU 型号在 $\mu$Vision4 中找不到，可以选择其他公司生产的相近型号。

（3）添加源程序文件到工程中

选择完目标 CPU 后，在工程窗口中，出现了"Target 1"，前面有"＋"号，点击"＋"号展开，可以看到下一层的"Source Group 1"，这时的工程还是一个空的工程，没有任何源程序文件，前面录入编辑好的源程序文件需手工添加，鼠标左键点击"Source Group 1"使其反白显示，然后，点击鼠标右键，出现一个下拉菜单，如图 2 - 5 所示，选中其中的"Add file to Group'Source Group 1'"，弹出一个对话框，要求添加源文件。注意，在该对话框下面的"文件类型"默认为 C SOURCE FILE( ＊. C)，也就是以"C"为扩展名的文件，假如所要添加的是汇编源程序文件，则在列表框中将找不到，需将文件类型设置一下，点击对话框中"文件类型"后的下拉列表，找到并选中"ASM SOURCE FILE( ＊. A51, ＊. ASM)"，这样，在列表框中才可以找到汇编源程

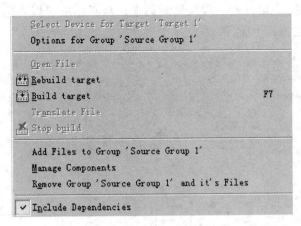

图 2-5　加入文件

序文件了。

　　双击 Example.c 文件,将文件加入工程,添加源程序文件后的工程如图 2-6 所示。注意,在文件加入项目后,该对话框并不消失,等待继续加入其他文件,但初学时常会误认为操作没有成功而再次双击同一文件,低版本 Keil 这时会出现如图 2-7 所示的对话框,提示你所选文件已在列表中,此时应点击"确定",返回前一对话框,然后点击"close"即可返回主界面($\mu$v4 不提示但停留在添加对话框),返回后,点击"Source Group 1"前的加号,会发现 Example.c 文件已在其中。双击文件名,即打开该源程序。

图 2-6　添加源程序文件后的工程

μVision2

File 'Example.c' is already a member of -
Group:　　　'Source Group 1'
Type:　　　C source file

File will not be added to target.

确定

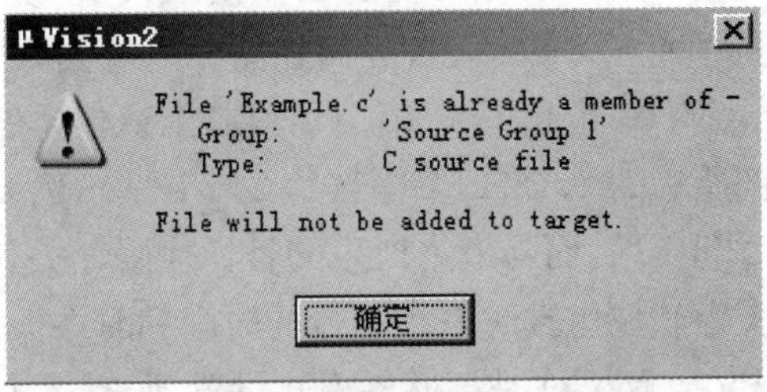

图 2-7　重复加入源程序文件错误警告

　　如果想删除已经加入的源程序文件,可以在如图 2-6 所示的对话框中,右击源程序文件,在弹出的快捷菜单中选择 Remove File'Example.c',即可将文件从工程中删除。值得注意的是,这种删除属于逻辑删除,被删除的文件仍旧保留在磁盘上的原目录下,需要的话,还可以再将其添加到工程中。

　　(4)工程的设置

　　在工程建立好之后,还需要对工程进行设置,以满足要求。打开工程设置对话框,方法有二:其一,右击工程管理器(Project Workspace)窗口中的工程名 Target 1,弹出如图 2-8 所示的快捷菜单,选择快捷菜单上的 Options for Target'Target 1'选项,即可打开工程设置对话框;其二,在 Project 菜单项选择 Options for

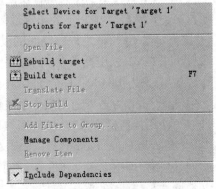

图 2-8　工程设置快捷菜单

Target'Target 1'命令,也可打开工程设置对话框。从对话框可以看出,工程的设置分成 10 个部分,每个部分又包含若干项目。在这里主要介绍以下几个部分。

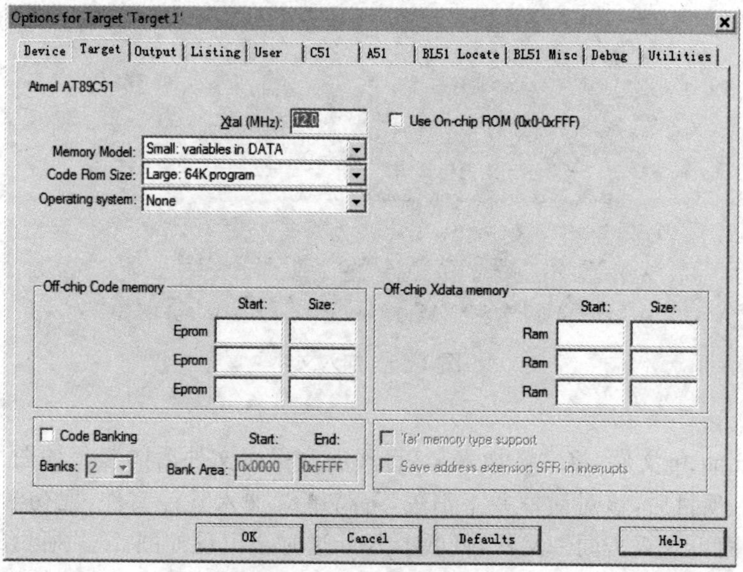

图 2 - 9　**Target 设置界面**

（a）Target 设置

主要用于用户最终系统的工作模式设置,决定用户系统的最终框架。打开对话框中的 Target 选项卡,Target 设置界面如图 2 - 9 所示:

Xtal(MHz)是晶振频率值设置项,默认值是所选目标 CPU 的最高可正常工作的频率值,对于示例所选的 AT89S51 而言是 24 M,本示例设定为 12 M。设置的晶振频率值主要是在软件仿真时起作用,而与最终产生的目标代码无关,在软件仿真时,$\mu$Vision4 将根据用户设置的频率来决定软件仿真时系统运行的时间和时序。

Memory Model 是存储器模式设置项,有 3 个选项可供选择:Small 模式,没有指定存储空间的变量默认存放在 data 区域内;Compact 模式,没有指定存储空间的变量默认存放在 pdata 区域内;Large 模式,没有指定存储空间的变量默认存放在 xdata 区域内。

Use On-chip ROM 为是否仅使用片内 ROM 选择项,打钩选择仅使用片内 ROM,不打钩则反之。但选择该项并不会影响最终生成的目标代码量。

Code Rom Size 是程序空间的设置项,用于选择用户程序空间的大小,同样也有 3 个选择项:Small 模式,只用低于 2 k 的程序空间;Compact 模式,单个函数的代码量不能超过 2 k,整个程序可以使用 64 k 程序空间;Large 模式,可用全部 64 k 空间。

Operating 为是否选用操作系统设置项,有两种操作系统可供选择:Rtx tiny 和 Rtx full,通常不使用任何操作系统,即使用该项的默认值 None。

Off-chip Code memory 用于定义系统扩展 ROM 的地址范围:如果用户使用了外部程序空间,但在物理空间上又不是连续的,则需进行该项设置。该选项共有 3 组起始地址(Start)和地址大小(Size)的输入,$\mu$Vision4 在链接定位时将把程序代码安排在有效的程序空间内。该选项一般只用于外部扩展的程序,因为单片机内部的程序空间多数都是连续的。

Off-chip Xdata memory 用于定义系统扩展 RAM 的地址范围：主要应用于单片机外部非连续数据空间的定义，设置方法与"Off-chip Code memory"项类似。Off-chip Code memory、Off-chip Xdata memory 两个设置项必须根据所用硬件来确定，由于本示例是单片应用，未进行任何扩展，所以均按默认值设置。

Code Banking 为是否选用程序分段设置项，该功能较少应用到。

（b）Output 设置

用于工程输出文件的设置。打开对话框中的 Output 选项卡，Output 设置界面如图 2-10 所示：

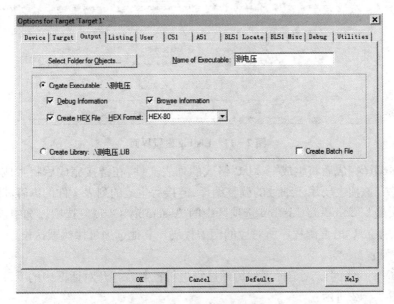

图 2-10　Output 设置界面

Select Folder for Objects…用于设置输出文件存放的目录，一般选用当前工程所保存的根目录；

Name of Executable：用于设置输出目标文件的名称，默认为当前工程的名称。根据用户需要，可以进行修改；

Debug Information 用于设置是否产生调试信息，如果需要对程序进行调式，该项必须选中；Browse Information 用于设置是否产生浏览信息，产生的浏览信息可以用菜单 View -> Browse 来查看，一般取默认值；

Create HEX File：用于设置是否生成可执行代码文件，可执行代码文件是最终写入单片机的运行文件，格式为 Intel HEX，扩展名为". hex"。默认情况下该项未被选中，在调试状态下，目标文件不会自动转换为 HEX 文件，如果要实现程序、电路联合软件仿真或程序在硬件上运行，该项必须选中，选中后在调试状态下，目标文件则会自动转换为可在单片机上执行的 HEX 文件。其他选项一般保持默认设置。

（c）Listing 设置

用于设置列表文件的输出格式。打开对话框中的 Listing 选项卡，Listing 设置界面如图 2-11 所示：

**图 2 – 11　Listing 设置界面**

在源程序编译完成后将生成"＊.lst"格式的列表文件，在链接完成后将生成"＊.m51"格式的列表文件。该项主要用于细致的调整编译、链接后生成的列表文件的内容和形式，其中比较常用的选项是 C Compiler Listing 选项区中的 Assembly Code 复选项。选中该复选项可以在列表文件中生成 C 语言源程序所对应的汇编代码。其他选项可保持默认设置。

(d) C51 设置

用于对 μVision4 的 C51 编译器的编译过程进行控制。打开对话框中的 C51 选项卡，C51 设置界面如图 2 – 12 所示：

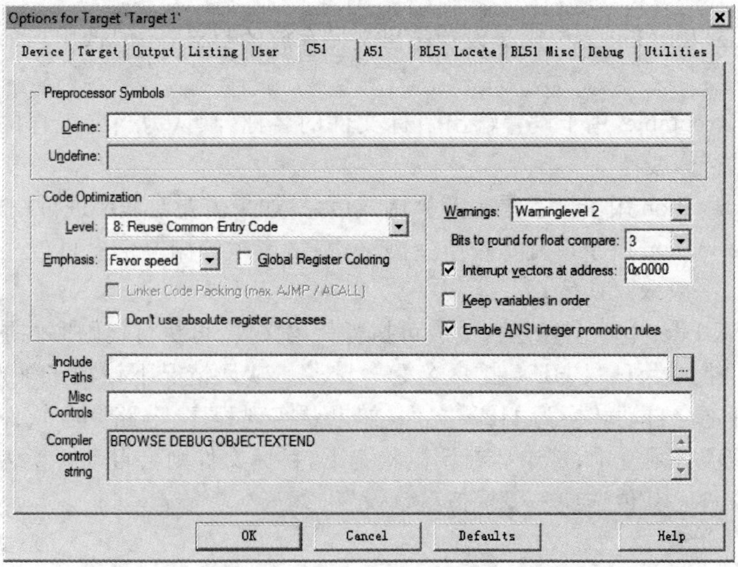

**图 2 – 12　C51 设置界面**

其中比较常用的两项是代码优化等级 Code Optimization/Level、代码优化侧重 Code Optimization/Emphasis。

Code Optimization/Level 是优化等级设置项。C51 编译器在对源程序进行编译时,可以对代码多至 9 级优化,提供 0～9 共 10 种选择,以便减少编译后的代码量或提高运行速度。优化等级一般默认使用第 8 级,但如果在编译中有时会出现一些错误,可以降低优化等级。本示例默认选择优化等级 8(Reuse Common Entry Code)。在程序调试成功后再提高优化级别改善程序代码。

Code Optimization/Emphasis 是优化侧重设置项。有 3 种选项可供选择:选择 Favor speed,在优化时侧重优化速度;选择 Favor size,在优化时侧重优化代码大小;选中 Default,为缺省值,默认的是侧重优化速度,可以根据需要更改。

(e) Debug 设置

用于选择仿真工作模式。打开对话框中的 Debug 选项卡,Debug 设置界面如图 2-13 所示:

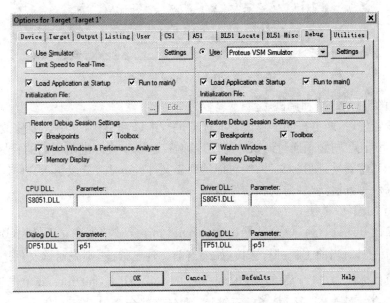

**图 2-13  Debug 设置界面**

右边主要针对仿真器,用于硬件仿真时使用,称为硬件设置,设置此种工作模式,用户可把 Cx51 嵌入到系统中,直接在目标硬件系统上调试程序;左边主要用于程序的编译、链接及软件仿真调试,称为软件设置,该模式在没有实际目标硬件系统的情况下可以模拟 8051 的许多功能,这非常便于应用程序的前期调试。软件仿真和硬件仿真的设置基本一样。本实验平台硬件仿真时选择 Debug 栏的 Use:Keil Monitor-51 Driver,具体参数设置为:

Load Application at Start:选择这项之后,Keil 才会自动装载你的程序代码。

Go till main:调试 C 语言程序时可以选择这一项,PC 会自动运行到 main 程序处,点击上图的 Settings,打开新的窗口:

Port:设置串口号,为仿真机的串口连接线 COMA 所连接的串口。

Baudrate:设置为 57 600,仿真机固定使用 57 600 bps 跟 Keil 通讯。

　　Serial Interrupt：选中。

　　Cache Options：可选也可不选，推荐选它，这样仿真机会运行的快一点。

最后点击 OK 和确定关闭设置。

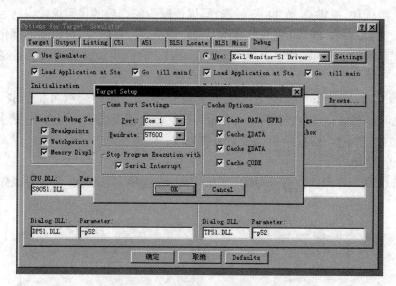

**图 2 - 14　Debug seting 设置界面**

　　（f）工程的编译、链接和调试、运行

　　在工程设置好后，即可按照工程设置的选项进行编译和链接，其中还要修改语法错误，其他错误（如逻辑错误）则必须通过调试才能发现和解决，以生成二进制代码的目标文件（.obj）、列表文件（.lst）、绝对地址目标文件、绝对地址列表文件（.m51）、链接输入文件（.imp）、可执行代码文件（.hex）等，进行软件仿真和硬件仿真。

　　① 源程序的编译、链接

　　分三种操作方式：执行菜单命令 Project→Build target 或单击建立工具栏（Build Toolbar）上的工具按钮 █，对当前工程进行链接，如果当前文件已修改，则先对该文件进行编译，然后再链接以生成目标代码；执行菜单命令 Project→Rebuild all target files 或单击工具按钮 █，对当前工程所有文件重新进行编译后再链接；执行菜单命令 Project→Translate 或单击工具按钮 █，则仅对当前文件进行编译，不进行链接。建立工具栏（Build Toolbar）如图 2 - 15 所示，从左至右分别是编译、编译链接、全部重建、停止编译和对工程进行设置。

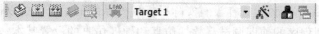

**图 2 - 15　建立工具栏**

　　上述操作将在输出窗口 Output Window 中的 Build 页给出结果信息，如果源程序和工程设置都没有错误，编译、链接就能顺利通过，生成得到名为 Example.hex 的可执行代码文件，如图 2 - 16 所示，如果源程序有语法错误，编译器则会在 Build 页给出错误所在的行、错误代码以及错误的原因，用鼠标双击该行，可以定位到出错的位置进行修改和完善，然后再重新编译、链接，直至没有错误为止，即可进入下一步的调试运行工作。

```
Build Output
Build target 'Target 1'
compiling 测电压.c...
linking...
Program Size: data=27.0 xdata=0 code=1136
creating hex file from "测电压"...
"测电压" - 0 Error(s), 0 Warning(s).
```

**图 2-16  程序语法正确时编译、链接的结果**

② 调试运行

编译、链接成功后,执行菜单命令 Debug→Start/Stop Debug Session 或者单击文件工具栏(File Toolbar)上的工具按钮 ，即可进入(或退出)软件仿真调试运行模式,此时出现一个调试运行工具条(Debug Toolbar),源程序编辑窗口与之前也有变化,如图 2-17 所示,图中上部为调试运行工具条,从左至右分别是复位、全速运行、暂停、单步跟踪、单步运行、跳出函数、运行到光标处、下一状态、打开跟踪、观察跟踪、反汇编窗口、观察窗口、代码作用范围分析、1♯串行窗口、内存窗口、性能分析、工具按键等命令;图中下部为调试窗口,黄色箭头为程序运行光标,指向当前等待运行的程序行。

在 μVision4 中,有 5 种程序运行方式:单步跟踪(Step Into),单步运行(Step Over),跳出函数(Step Out)、运行到光标处(Run to Cursor line)、全速运行(Go)。首先搞清楚两个重要的概念,即单步执行与全速运行。使用 F5 快捷键,或执行菜单命令 Debug→Go,或单击工具按钮 进入全速运行,使用 Esc 快捷键,或执行菜单命令 Debug→Stop Running,或单击工具按钮 停止全速运行,全速执行是指一行程序执行完以后紧接着执行下一行程序,中间不停止,因此程序执行的速度很快,但只可以观察到运行完总体程序的最终结果的正确与否,如果中间运行结果有错,则难以确认错误出现在哪些具体程序行。单步执行是每次执行一行程序,执行完该行程序以后即停止,等待命令执行下一行程序,此时可以观察该行程序执行完以后得到的结果,是否与所需结果相同,从而发现并解决问题。

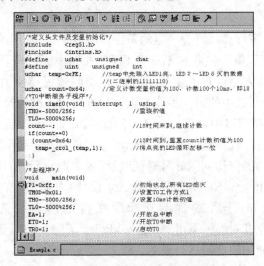

**图 2-17  源程序的软件仿真运行**

使用 F11 快捷键,或执行菜单命令 Debug→Step Into,或单击工具按钮 ⟨⟩ 以单步跟踪形式执行程序,单步跟踪的功能是尽最大的可能跟踪当前程序的最小运行单位,在本示例 C 语言调试环境下最小的运行单位是一条 C 语句,因此单步跟踪每次最少要运行一个 C 语句。如图 2-17 所示,每按一次 F11 快捷键,黄色箭头就会向下移动一行,包括被调用函数内部的程序行。

使用 F10 快捷键,或执行菜单命令 Debug→Step Over,或单击工具按钮 ⟨⟩ 以过程单步形式执行程序,单步运行的功能是尽最大的可能执行完当前的程序行。与单步跟踪相同的是单步运行每次至少也要运行一条 C 语句;与单步跟踪不同的是单步运行不会跟踪到被调用函数的内部,而是把被调用函数作为一条 C 语句来执行。如图 2-17 所示,每按一次 F10 快捷键,黄色箭头就会向下移动一行,但不包括被调用函数内部的程序行。

通过单步执行调试程序,效率很低,并不是每一行程序都需要单步执行以观察结果,如本示例中的软件延时程序段若通过单步执行要执行多次才执行完,显然不合适。为此,可以采取以下方法:

第一,使用 Ctrl+F10 快捷键,或执行菜单命令 Debug→Run to Cursor line,或单击工具按钮 ⟨⟩ 以运行到光标处。如图 2-17 所示,程序指针现指在程序行

     {P1=0xff;    //初始状态,所有 LED 熄灭    //①

若想让程序一次运行到程序行

     TR0=1;     //启动 T0        //②

则可以单击此程序行,当闪烁光标停留在该行后,执行菜单命令 Debug→Run to Cursor line。运行停止后,发现程序运行光标已经停留在程序行②的左侧。

第二,使用 Ctrl+F11 快捷键,或执行菜单命令 Debug→Step Out of current function,或单击工具按钮 ⟨⟩ 以跳出函数,单步执行到函数外,即全速执行完调试光标所在的子程序或子函数。

第三,执行调用子函数行时,按下 F10 键,调试光标不进入子函数的内部,而是全速执行完该子程序。

③ 断点设置

程序调试时,某些程序行必须符合一定的条件才能被执行到(例如,利用定时/计数器对外部事件计数中断服务程序,串行接收中断服务程序,外部中断服务程序,按键键值处理程序等),这些条件往往是异步发生或难以预先设定的,这类问题很难使用单步执行的方法进行调试,此时就要使用到程序调试中的另一种非常重要的方法:断点设置。

在 μVision4 的源程序窗口中,可以在任何有效位置设置断点,断点的设置/取消方法有多种。如果想在某一程序行设置断点,首先将光标定位于该程序行,然后双击,即可设置红色的断点标志■。取消断点的操作相同,如果该行已经设置为断点行,双击该行将取消断点,也可执行菜单命令 Debug→Insert/Remove BreakPoint 设置/取消断点;执行菜单命令 Debug→Enable/Disable BreakPoint 开启或暂停光标所在行的断点功能;Debug→Disable All BreakPoint 暂停所有断点;Debug→Kill All BreakPoint 清除所有设置的断点以,还可以单击文件工具条上的按钮或使用快捷键进行设置。

如果设置了很多断点,就可能存在断点管理的问题。例如,通过逐个地取消全部断点来使

程序全速运行将是非常烦琐的事情。为此,μVision4 提供了断点管理器。执行菜单命令
Debug→Breakpoints,出现如图 2 - 18 所示的断点管理器,其中单击 Kill All(取消所有断点)
按钮可以一次取消所有已经设置的断点。

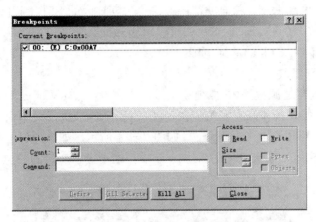

图 2 - 18　断点管理器

④ 存储空间资源的查看和修改

在 μVision4 的软件仿真环境中,执行菜单命令 View→Memory Windows 可以打开存储
器窗口,如图 2 - 19 所示,如果该窗口已打开,则会关闭该窗口。标准 AT89S5l 的所有有效存
储空间资源都可以通过此窗口进行查看和修改。

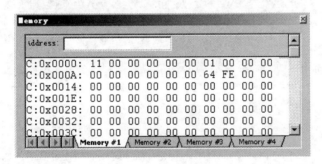

图 2 - 19　存储器窗口

通过在存储器地址输入栏 Address 后的编辑框内输入"字母:数字"即可显示相应内存值,
便于查看和修改,其中字母代表存储空间类型,数字代表起始地址。μVision4 把存储空间资
源分成 4 种存储空间类型加以管理:可直接寻址的片内
RAM(类型 data,简称 d)、可间接寻址的片内 RAM(类
型 idata,简称 i)、扩展的外部数据空间 XRAM(类型
xdata,简称 x)、程序空间 code(类型 code,简称 c)。例
如,输入 D:0x08 即可查看到地址 08 开始的片内 RAM
单元值,若要修改 0x08 地址的数据内容,方法很简单,
首先右击 0x08 地址的数据显示位置,弹出如图 2 - 20
所示的快捷菜单。然后选择 Modify Memory at D:
0x08 选项,此时系统会出现输入对话框,输入新的数值后单击 OK 按钮返回,即修改完成。

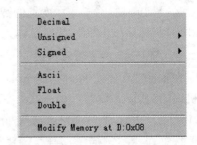

图 2 - 20　在存储器对话框中修改数据

使用存储器对话框查看和修改其他类型存储空间,操作方法与 data 空间完全相同,只是将查看或修改的存储空间类型和起始地址要相应的改变。

值得注意的是:在标准 80C51 中,可间接寻址空间为 0～0xFF 范围内的 RAM。其中,地址范围 0x00～0x7F 内的 RAM 和地址范围 0x80～0xFF 内的 SFR 既可以间接寻址,也可以直接寻址;地址范围 0x80～0xFF 的 RAM 只能间接寻址。外部可间接寻址 64 k 地址范围的数据存储器,程序空间有 64 k 的地址范围。

⑤ 变量的查看和修改

在用高级语言编写的源程序中,常常会定义一些变量,在 μVision 4 中,使用"观察"对话框(Watches)可以直接观察和修改变量。在软件仿真环境中,执行菜单命令 View→Watch & Call Stack Windows 可以打开"观察"窗口,如图 2 - 21 所示。如果窗口已经打开,则会关闭该窗口。其中,Name 栏用于输入变量的名称,Value 栏用于显示变量的数值。

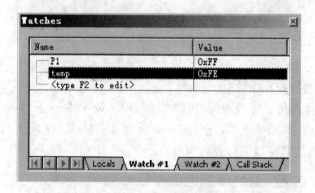

**图 2 - 21　"观察"对话框**

在观察窗口底部有 4 个标签:显示局部变量观察窗口 Locals,自动显示当前正在使用的局部变量,不需要用户自己添加;变量观察窗口 Watch ♯1、Watch ♯2,可以根据分类把变量添加到♯1 或♯2 观察对话框中;堆栈观察窗口 Call Stack。

变量名称的输入

单击 Name 栏中的<type F2 to edit>,然后按 F2 键,此时可在<type F2 to edit>处输入需查看或修改的变量名称,确认无误后按 Enter 键。输入的变量名称必须是文件中已经定义的。在图 2 - 21 中,temp 是自定义的,而 Pl 是头文件 reg51. h 定义的。

变量数值的显示

在 Value 栏,除了显示变量的数值外,用户还可以修改变量的数值,方法是:单击该行的 Value 栏,然后按 F2 键,此时可输入修改的数值,确认正确后按 Enter 键。

⑥ 外围设备的查看和修改

在软件仿真环境中,通过 Peripherals 菜单选择,还可以打开所选 CPU 的外围设备如示例单片机中的定时/计数器(Timer)、外部中断(Interrupt)、并行输入输出口(I/O - Ports)、串行口(Serial)对话框,以查看或修改这些外围设备的当前使用情况、各寄存器和标志位的状态等。

例如对于示例程序,编译、链接进入软件仿真环境后,可执行菜单命令 Peripherals→I/O - Ports→Port 1 观察 P1 口的运行状态,如图 2 - 22 所示,全速运行,可以观察到 P1 口各位的状态在不断的变化。执行菜单命令 Peripherals→I/O - Ports→Port 2,如图 2 - 23 所示,看到 P2 口各位的状态一直为 0，如果要想置 P2.0 为 1，则可通过单击 P2.0 对应的方框内打上钩即可。查看和修改其他外围设备的方法类似，除此之外，在 Keilμ Vision 4 IDE 中，还有很多功能及使用方法，这里不再一一说明，详细的内容可参阅有关的专业书籍。

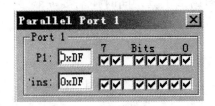
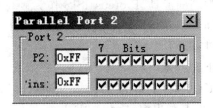

图 2－22　外围设备 P1 端口　　　　　图 2－23　外围设备 P2 端口

## 2.2　Proteus ISIS 工作环境

Proteus ISIS 是英国 Lab Center Electronics 公司出品的用于原理图设计、电路分析与仿真、处理程序代码调试和仿真、系统测试以及功能验证的 EDA 软件，运行 Windows 操作系统之上，具有界面友好、使用方便、占用存储空间小、仿真元件资源丰富、实验周期短、硬件投入少、实验过程损耗小和与实际设计接近等特点。它有模拟电路仿真、数字电路仿真、数模混合电路、单片机等微处理器及其外围电路（如总线驱动器 74LS373、可编程外围定时器 8253、并行接口 8255、实时时钟芯片 DS1302、LCD、RAM、ROM、键盘、马达、LED、AD/DA、SPI、IIC 器件等）组成的系统的仿真等功能，配合可供选择的虚拟仪器，可搭建一个完备的电子设计开发环境，同时支持第三方的软件的编辑和调试环境，可与 Keil μVision 4 等软件进行联调，达到实时的仿真效果，因此得到广泛使用。正确安装后，用鼠标左键双击桌面上运行图标，或用鼠标左键分别单击计算机桌面上"开始"→"所有程序"→"Proteus 7 Professional"→"ISIS 7 Professional"，即可进入 Proteus ISIS Professional 用户界面，如图 2－24 所示。从图可以看出，Proteus ISIS Professional 用户界面与其他常用的窗口软件一样，ISIS Professional 设置有菜单栏，可以快速执行命令的按钮工具栏和各种各样的窗口。ISIS Professional 只允许同时打开浏览一个文件。ISIS 具体操作见参考文献。

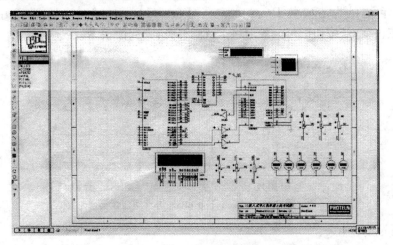

图 2－24　proteusISIS 界面

## 2.3　Proteus ISIS 与 Keil C51 的联调

Proteus ISIS 与 Keil C51 的联调可以实现单片机应用系统的软、硬件调试，其中 Keil C51 作为软件调试工具，Proteus ISIS 作为硬件仿真和调试工具。同时还需要安装 protues for Keil 的插件 vgmagdi.exe，这样才能使 Keil 和 Protues 能联合调试。首先安装 vdmagdi 软件，然后再进行以下设置。

1. Keil 设置

在 Keil 软件上单击"Project 菜单/Options for Target"选项或者点击工具栏的"option for ta rget"按钮，弹出窗口，点击"Debug"按钮，出现如图 2-25 所示页面。

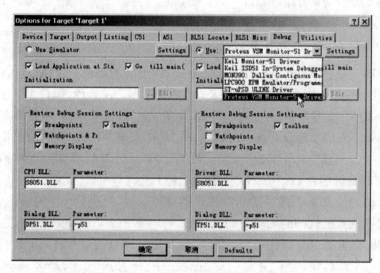

**图 2-25　Keil proteus 仿真调试设置**

在出现的对话框里在右侧栏上部的下拉菜单里选中"Proteus VSM Monitor-51 Driver"。并且还要点击一下"Use"前面表明选中的小圆点。再点击"Setting"按钮，设置通信接口，在"Host"后面添上"127.0.0.1"，如果使用的不是同一台电脑，则需要在这里添上另一台电脑的 IP 地址（另一台电脑也应安装 Proteus）。在"Port"后面添加"8000"。设置好的情形如图 2-26所示，点击"OK"按钮即可。最后将工程编译，进入调试状态，并运行。

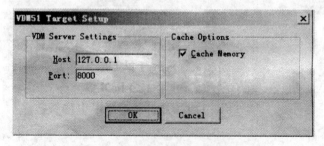

**图 2-26　Keil 下 proteus 仿真通讯设置**

2. Proteus 的设置

进入 Proteus 的 ISIS，鼠标左键点击菜单"Debug"，选中"use romote debuger monitor"，

如图 2-27 所示。此后，便可实现 KeilC 与 Proteus 连接调试。下面介绍如何在 Proteus ISIS 中加载 Keil C51 生成的单片机可执行文件（HEX 文件）进行单片机应用系统的仿真调试。

（1）准备工作

首先，在 Keil C51 中完成 C51 应用程序的编译、链接、调试，并生成单片机可执行的 HEX 文件；然后，在 Proteus ISIS 中绘制电路原理图，并通过电气规则检查。

（2）装入 HEX 文件

做好准备工作后，还必须把 HEX 文件加载进单片机中，才能进行整个系统的软、硬件联合仿真调试。在本示例中，双击 Proteus ISIS 原理图中的单片机 AT89S51，打开如图 2-28 所示的对话框。

图 2-27

单击 Program File 选项右侧按钮，在打开的 Select File Name 对话框中，选择好要加载的 HEX 文件后（本示例加载 Example.hex 文件），单击"打开"按钮返回。此时在 Program File 选项中的文本框中显示 HEX 文件的名称及存放路径，单击 OK 按钮，即完成 HEX 文件的装入过程。

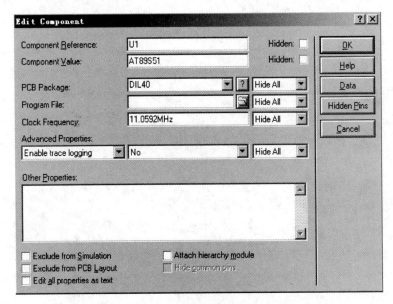

图 2-26　元器件编辑对话框

3. 仿真调试

装入 HEX 文件后，单击仿真运行工具栏上的"运行"按钮▶，在 Proteus ISIS 的编辑窗口中可以看到单片机应用系统的仿真运行效果，在本示例中可以看到 8 个发光二极管循环点亮。其中，红色方块代表高电平，蓝色方块代表低电平，灰色代表悬空。

若发现仿真运行效果不符合设计要求，应该单击仿真运行工具栏上的按钮■停止运行，然后从软件、硬件两个方面分析原因。完成软、硬件修改后，按照上述步骤重新开始仿真调试，直到仿真运行效果符合设计要求为止。

# 第二部分

# 基 础 实 验

# 实验一　　清零实验

 **实 验 目 的**

掌握 C51 语言设计和调试方法,熟悉 Keil 操作。

 **实 验 内 容**

把 0x7000～0x70FF 的内容清零。

 **实 验 预 习**

1. 根据实验内容画出流程图;
2. 根据流程图编写程序;
3. 在 Keil 中进行软件仿真调试。

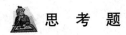 **实 验 步 骤**

1. 按仿真器复位键;
2. 根据要求画出程序流程图;
3. 在 PC 机处于在 Win9X/2000/XP 软件平台下,单击 Keil 图标,进入 Keil 环境;
4. 在 Keil 中建立工程文件并按流程图编写源码;
5. 在 Keil 中编译通过并进入 Debug 状态;存贮器窗口内检查 0x7000～0x70FF 中的内容是否为全 0x00;
6. 记录实验结果。

**思 考 题**

若把 0x7000～0x70FF 中的内容改成 FF,如何编制程序?

# 实验二　拆字实验

 **实 验 目 的**

进一步掌握 C51 语言设计和调试方法,熟悉 Keil 操作。

**实 验 内 容**

把 0x7000、0x7001 的低位相拼后送入 0x7002,一般本程序用于把显示缓冲区的数据取出拼装成一个字节。

**实 验 预 习**

1. 根据实验内容画出流程图;
2. 根据流程图编写程序;
3. 在 Keil 中进行软件仿真调试。

**实 验 步 骤**

1. 按仿真器复位键;
2. 在 PC 机处于在 Win9X/2000/XP 软件平台下,单击 Keil 图标,进入 Keil 环境;
3. 在 Keil 中打开工程文件;
4. 在 Keil 中编译通过并进入 Debug 状态;
5. 先用存贮器读写方法将 0x7000 单元中内容置 0x03,0x7001 单元中的内容置 0x04;
6. 从起始地址开始单步或断点运行程序到 STOP 处;
7. 在存贮器窗口内检查 0x7002 中的内容是否为 0x34;
8. 记录实验结果。

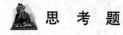 **思 考 题**

若把 0x7000~0x7001 中高位拆开相拼接,如何编制程序?

# 实验三 拼字实验

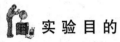

## 实 验 目 的

进一步掌握 C51 语言设计和调试方法,熟悉 Keil 操作。

## 实 验 内 容

把 0x7000 的内容拆开,高位送 0x7001 低位,低位送 0x7002 低位。0x7001、0x7002 高位清零,一般本程序用于把数据送显示缓冲区时用。

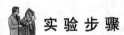

## 实 验 预 习

1. 根据实验内容画出流程图;
2. 根据流程图编写程序;
3. 在 Keil 中进行软件仿真调试。

## 实 验 步 骤

1. 按仿真器复位键;
2. 在 PC 机处于在 Win9X/2000/XP 软件平台下,单击 Keil 图标,进入 Keil 环境;
3. 在 Keil 中打开工程文件;
4. 在 Keil 中编译通过并进入 Debug 状态;
5. 先用存贮器读写方法将 0x7000 单元置成 0x34;
6. 从起始地址开始单步或断点运行程序到 STOP 处;
7. 在存贮器窗口内检查 0x7001 和 0x7002 单元中的内容是否为 0x03 和 0x04;
8. 记录实验结果。

## 思 考 题

如何用断点方法调试本程序?

# 实验四　　数据排序实验

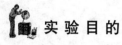 **实 验 目 的**

进一步掌握 C51 语言设计和调试方法,熟悉 Keil 操作。

**实 验 内 容**

编写并调试一个排序程序,其功能为用冒泡法将内部 RAM(idata 方式定义)中几个单元字节无符号的正整数,按从小到大的次序重新排列。

 **实 验 预 习**

1. 根据实验内容画出流程图;
2. 根据流程图编写程序;
3. 在 Keil 中进行软件仿真调试。

**实 验 步 骤**

1. 按仿真器复位键;
2. 在 PC 机处于在 Win9X/2000/XP 软件平台下,单击 Keil 图标,进入 Keil 环境;
3. 在 Keil 中打开工程文件;
4. 在 Keil 中编译通过并进入 Debug 状态;
5. 先用存贮器读写方法将片内 RAM 区 0x50 - 0x5A 中放入数值不等的数据;
6. 从起始地址开始单步或断点运行程序到 STOP 处;在存贮器窗口内检查片内 RAM 区 0x50～0x5A 中内容,应从小到大排列;
7. 记录实验结果。

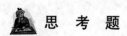 **思 考 题**

编一程序把 0x50～0x5A 中内容按从大到小排列。

# 实验五　数据处理实验

## 实验目的

1. 进一步熟悉 RAM 中的数据操作；
2. 进一步熟悉单片机 C51 语言编程。

## 实验内容

1. 在外部 0x00～0x2E 中查出有几个字节是零，统计"00"的个数存入内部 0x30 单元；
2. 有一单片机测量设备 AD 端采样数据如下表所示：

| 传感器序号 | 1 | 2 | 3 | 4 | 5 | 6 | 7 | 8 | 9 | 10 | 11 |
|---|---|---|---|---|---|---|---|---|---|---|---|
| 输出电压值 | 128 | 132 | 129 | 100 | 107 | 126 | 129 | 127 | 128 | 129 | 131 |

算法要求：

$$x_n < \overline{X} - X_{th}$$

① $X_n$ 为第 $n$ 路测量数据，$\overline{X}$ 为 11 路传感器的平均值，$X_{th}$ 为系统所定阈值，本次实验取阈值为 10。符合以上公式 $X_n$ 即为有效数据。

② 编程思路：以数组形式存放以上数据，根据以上公式算出符合要求的 $X_n$，存放到内部 RAM 中，起始地址为：0x30，并打印输出。

## 实验预习

1. 根据实验内容画出流程图；
2. 根据流程图编写程序；
3. 在 Keil 中进行软件仿真调试。

## 实验步骤

1. 按仿真器复位键
2. 在 PC 机处于在 Win9X/2000/XP 软件平台下，单击 Keil 图标，进入 Keil 环境；
3. 在 Keil 中打开工程文件；
4. 在 Keil 中编译通过并进入 Debug 状态；
5. 在 memory windows 窗口输入 i:0x00；

6. 在外部 0x00～0x2e 的单元中随机修改若干数据，其中几个单元中输入零；

7. 从起始地址开始单步或断点运行程序到 STOP 处；

8. 在存贮器窗口内检查内部 0x30 单元中的内容；

9. 参照实验内容 1 完成实验内容 2；

10. 记录实验结果。

 **思 考 题**

如何对外部 0x00 - 0x1E 单元的内容从大到小排序？

# 实验六　单片机 I/O 口实验（P3 和 P1 口应用）

 **实验目的**

1. 掌握 P3 口、P1 口简单使用；
2. 学习延时程序的编写和使用。

**实验原理**

P1 口是准双向口，作为输出口时与一般的双向口使用方法相同，由准双向口结构可知：当 P1 口作为输入口时，必须先对它置高电平，使内部 MOS 管截止，因内部上拉电阻是 20 kΩ～40 kΩ，故不会对外部输入产生影响。若不先对它置高，且原来是低电平，则 MOS 管导通，读入的数据是不正确的。

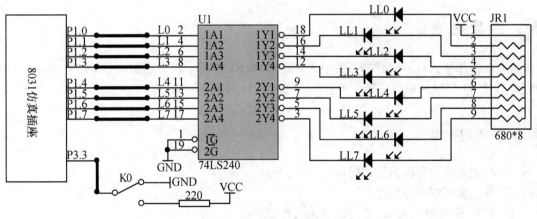

**图 5 - 1　实验原理图**

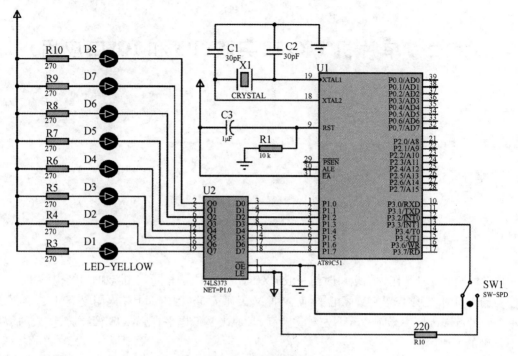

**图 5-2　仿真原理图**

 **实 验 内 容**

P3.3 口作输入口,外接脉冲,每输入一个脉冲,P1 口按十六进制加一,P1 口作输出口,编写程序,使 P1 口接的 8 个发光二极管 L0~L7 按 16 进制加一方式点亮发光二极管。

**实 验 预 习**

1. 根据实验内容画出流程图;
2. 根据流程图编写程序;
3. 利用 Keil 和 Proteus 进行软件仿真调试。

**实 验 步 骤**

1. 按实验原理图粗线连接线路:系统扩展区 1 的 P3.3 用插针连至 K0,P1.0－P1.7 用插针连至 L0－L7;
2. 按仿真器复位键;
3. 在 PC 机处于在 Win9X/2000/XP 软件平台下,单击 Keil 图标,进入 Keil 环境;
4. 在 Keil 中建立打开工程文件;
5. 在 Keil 中设置 Keil 仿真为"use monitor－51 driver",并设置相应的串口和波特率(本实验系统波特率为 517 600,下同),编译调试程序;

6. 连续运行实验程序,开关 K0 每拨动一次,记录 L0～L7 发光二极管的状态。

 **思 考 题**

1. 单片机可以利用汇编语言的循环进行精确延时,C51 如何实现精确定时?
2. Keil 中如何利用性能分析器计算机延时时间?

# 实验七　脉冲计数（定时/计数器）实验

## 实 验 目 的

　　1. 熟悉 MCS-51 定时器、串行口和中断初始化编程方法，了解定时器应用在实时控制中程序的设计技巧；

　　2. 掌握频率计的使用方法；

　　3. 掌握示波器的使用方法。

## 实 验 原 理

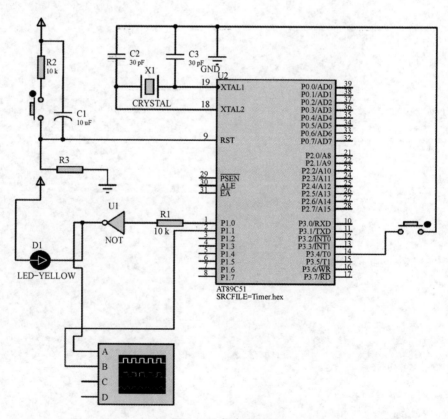

图 6-1　仿真原理图

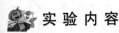 **实 验 内 容**

编程实现从 P1.0 输出周期为 1 s 的方波并使发光二极管闪烁，并用示波器、频率计进行信号观察。

 **实 验 预 习**

1. 根据实验内容画出流程图；
2. 根据流程图编写程序；
3. 利用 Keil 和 Proteus 进行软件仿真调试。

 **实 验 步 骤**

1. 按仿真器复位键；
2. 在 PC 机处于在 Win9X/2000/XP 软件平台下，单击 Keil 图标，进入 Keil 环境；
3. 在 Keil 中建立工程文件并按流程图编写源码；
4. 在 Keil 中设置 Keil 仿真为"use monitor - 51 driver"，并设置相应的串口和波特率，编译调试程序；
5. 连续运行实验程序，观察实验现象；
6. 分别使用频率计和示波器测量输出信号，并记录波形。

 **思 考 题**

如何通过定时器实现简单的音乐发生？
（提示：通过 google 查询相关信息，从原理上掌握实验方法，并用代码验证。）

# 实验八　简易秒表实验

## 实验目的

1. 进一步掌握熟悉 8051 定时/计数功能,掌握定时/计数初始化编程方法;
2. 掌握编程实现 LED 动态显示编程方法。

## 实验原理

实验采用定时器中断方式,实现 1 s 定时输出,通过编程把实际的秒数和共阴极 LED 显示码对应,从而设计成一个简易电子秒表。实验中涉及的几个关键技术有:

1. 定时器初始化;
2. 定时器中断实现;
3. 时间值拆分与 LED 显示码的实现;

累加的时间值通过取模和取余运算得到相应个位、十位和百位数字,将其和 LED 显示码对应;

4. LED 动态显示计数;

在 LED 显示中静态显示的最大缺点是占用太多的 I/O 端口,因此我们必须设法减少 I/O 端口的占用。如果在多位数码管显示数据时,将各数码管相同的段并联在一起,如所有的 a 段都连在一起,即共用段控制端口,这样每增加一个数码管,只需要增加一个位控制端口即可,从而大量

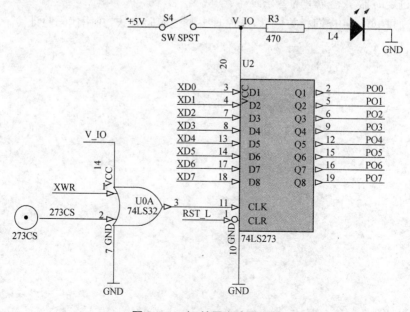

**图 8-1　I/O 扩展实验原理图**

地减少了 I/O 端口的占用。多个数码管各段分别连接在一起,共用段控制端口 PO,而位控制分别由端口 P1.0 和 P1.1 分别控制,从而大量的减少了 I/O 端口的占用。秒表工作时,任意时刻 PO 口输出的 LED 显示码都会输送到所有 LED 的段位上,只要交替控制位选的高低电平,使两个数码管交替点亮,显示的速度足够快(每秒循环显示 48 次以上,根据具体设备工作频率实时调整延时时间),利用人眼的视觉残留特性,人眼在数码管看到的就是完整的数字,而不会有闪烁感。本实验实际原理图及仿真图如下所示:

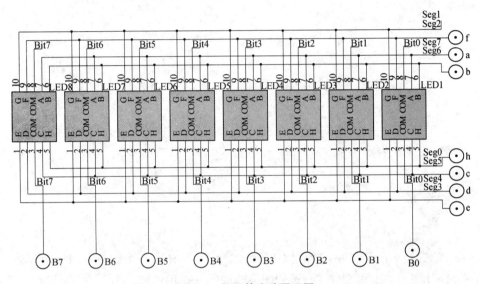

**图 8 - 2　数码管实验原理图**

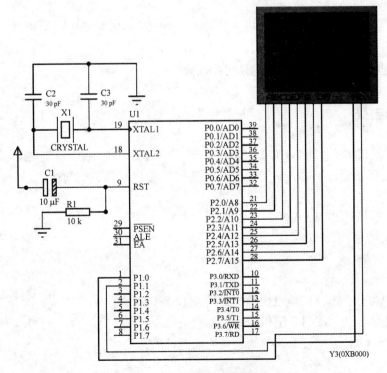

**图 8 - 3　仿真实验原理图**

## 实 验 内 容

1. 利用定时器中断方式实现定时 1 s 的输出,并把结果送一个 LED 七段数码管实现 0~9 s的循环显示;

2. 利用定时器中断方式实现定时 1 s 的输出,并把结果送两个 LED 七段数码管实现 0~60 s的循环显示。

## 实 验 预 习

1. 根据实验内容画出流程图;

2. 根据流程图编写程序(本实验 LED 为共阴极);

3. 利用 Keil 和 Proteus 进行软件仿真调试(编程时注意仿真图没有 74ls273 片选,故不需要用绝对地址方式赋值)。

## 实 验 步 骤

1. 按仿真器复位键;

2. 在 PC 机处于在 Win9X/2000/XP 软件平台下,单击 Keil 图标,进入 Keil 环境;

3. 在 Keil 中建立工程文件并按流程图编写源码;(提示:273cs 为 74ls273 片选地址,在实验系统中 74ls273 已经和 8051 的 P0 口相连。通过向绝对地址 0xb000 送显示数据。比如: XBYTE[0XB000]=0X3F;)

4. 在 Keil 中设置 Keil 仿真为"use monitor - 51 driver",并设置相应的串口和波特率,编译调试程序;

5. 连续运行实验程序,观察并记录实验现象。

## 实 验 连 线

1. 用导线连接实验台简单 I/O 口扩展区 P00~P06 至实验台右侧扩展板键盘/显示区域 a~h;

2. 导线连接系统扩展区 1 的 P1.0,P1.1 连接实验台右侧扩展板键盘/显示区域 B0~B7 任意两点;

3. I/O 口扩展区 273cs 连接 Y3(地址为:0xb000)。

## 思 考 题

1. 实验中为什么需要用绝对地址方式给 74LS273 赋值?

2. 绝对地址方式 XBYTE 使用应添加哪些文件?

3. 除了 XBYTE 方式还有其他的绝对地址方式吗?

# 实验九　单片机 I/O 口及其中断的应用

## 实 验 目 的

掌握顺序控制程序的简单编程和中断的使用。

## 实 验 原 理（粗线为实验中需要连接的）

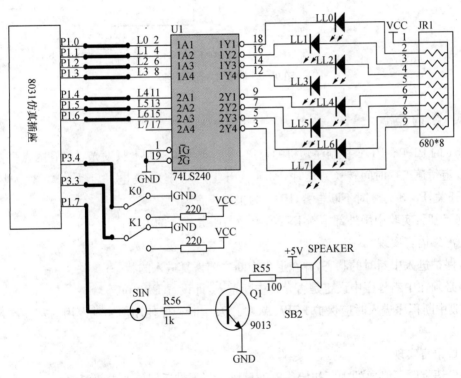

**图 9 - 1　实验原理图**

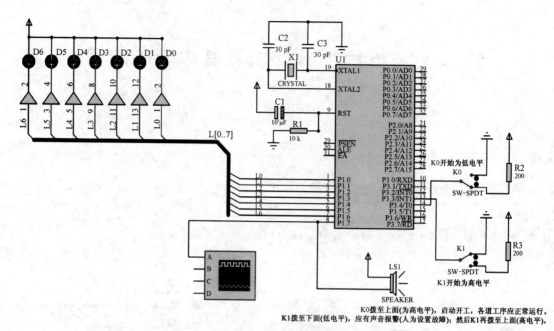

图 9-2　仿真实验原理图

## 实 验 内 容

8051 的 P1.0～P1.6 控制注塑机的七道工序,现模拟控制七只发光二极管的点亮,高电平有效,设定每道工序时间转换为延时,P3.4 为开工启动开关,高电平启动。P3.3 为外故障输入模拟开关,P3.3 为 0 时不断告警,P1.7 为报警声音输出。

实验说明:实验中用外部中断 INT0,编中断服务程序的关键:

1. 汇编语言实现

① 保护进入中断时的状态,并在退出中断之前恢复进入的状态;

② 必须在中断程序中设定是否允许中断重入,即设置 EX0 位。

一般中断程序进入时应保护 PSW、ACC 以及中断程序使用但非其专用的寄存器,本实验中未涉及。

2. C 语言实现

① C 语言除了必要的中断初始化以外只要编写不带返回值的中断函数;

② 注意中断源所对应的实际中断号。

| 中断源 | 汇编语言入口地址 | c语言中断号 |
|---|---|---|
| 外部中断 0 | 0003h | 0 |
| 定时/计数器 0 | 000bh | 1 |
| 外部中断 1 | 0013h | 2 |
| 定时/计数器 1 | 001bh | 3 |
| 串行口 | 0023h | 4 |

C 语言中断函数实例：

```
void   int0()   interruptm   using n
{…
}
```

函数声明：

void：是必须写；

参数：函数为无参；

m：对应上表中的 0～4；

n：工作寄存器组 0～3。

## 实 验 预 习

1. 根据实验内容画出流程图；
2. 根据流程图编写程序（本实验 LED 为共阴极）；
3. 利用 Keil 和 Proteus 进行软件仿真调试。

## 实 验 步 骤

1. 按仿真器复位键；
2. 在 PC 机处于在 Win9X/2000/XP 软件平台下，单击 Keil 图标，进入 Keil 环境；
3. 在 Keil 中建立工程文件并按流程图编写源码；
4. 在 Keil 中设置 Keil 仿真为"use monitor－51 driver"，并设置相应的串口和波特率，编译调试程序；
5. 连续运行实验程序，观察实验现象完成实验报告。
① K0 拨至上面（为高电平），启动开工，各道工序应正常运行；
② K1 拨至下面（低电平），应有声音报警（人为设置故障）；然后 K1 再拨上面（高电平），即人为排除故障，程序应从刚才报警的那道工序继续执行。

## 实 验 连 线

按图连接线路：系统扩展区 1 的 P3.4 连 K0，P3.3 连 K1，P1.0～P1.6 分别连到 L0～L6，P1.7 连 SIN（电子音响输入端），DL0 插座和 SPEAKER 插座相连，K0 开关拨在下面，K1 拨在上面。

## 思 考 题

1. 外部中断下降沿触发与低电平触发有何不同？
2. 80C51 的 2 外部中断可以实现嵌套吗？程序上如何实现？

# 实验十　交通灯实验

 **实 验 目 的**

了解 8255 芯片的结构及编程方法,学习模拟交通灯控制的实现方法。

 **实 验 原 理**

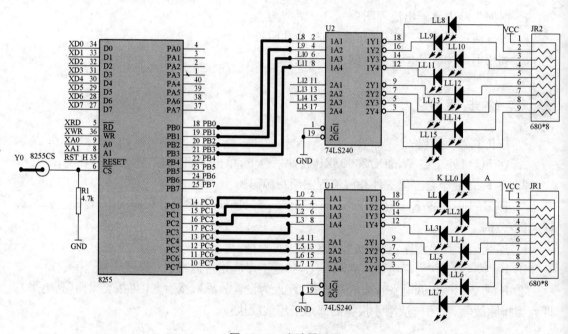

**图 10-1　实验原理图**

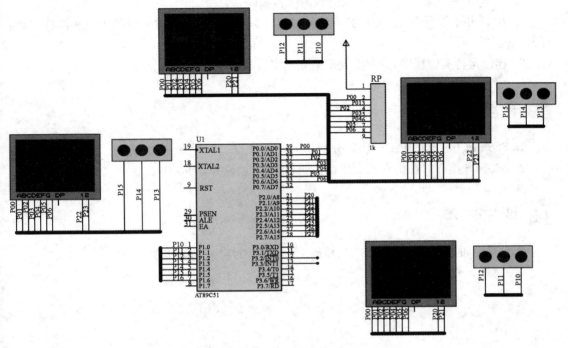

图 10-2 仿真实验原理图

 **实 验 内 容**

用 8255 作输出口,控制十二个发光二极管燃灭,模拟交通灯管理。因为本实验是交通灯控制实验,首先了解实际交通灯的变化情况和规律。假设一个十字路口为东西南北走向。初始状态 0 为东西方向红灯,南北方向红灯。然后转状态 1 东西方向绿灯通车,南北方向红灯。过一段时间转状态 2,东西方向绿灯灭,黄灯闪烁几次,南北方向仍然红灯。再转状态 3,南北方向绿灯通车,东西方向红灯。过一段时间转状态 4,南北方向绿灯灭,黄灯闪烁几次,东西方向仍然红灯,最后循环至状态 1。

**实 验 预 习**

1. 根据实验内容画出流程图;
2. 根据流程图编写程序;
3. 利用 Keil 和 Proteus 进行软件仿真调试。

**实 验 步 骤**

1. 按仿真器复位键;
2. 打开 8255 接口区中的电源开关 S1;
3. 在 PC 机处于在 Win9X/2000/XP 软件平台下,单击 Keil 图标,进入 Keil 环境;

4. 在 Keil 中建立工程文件并按流程图编写源码；

5. 在 Keil 中设置 Keil 仿真为"use monitor – 51 driver"，并设置相应的串口和波特率，编译调试程序；

6. 连续运行实验程序，观察实验现象完成实验报告。

## 实 验 连 线

1. 8255 PC0～PC7、PB0～PB3 分别接 L0～L11 红、黄、绿发光二极管；

2. 8255CS 接 Y0（在仿真插头所在扩展总线区，地址为 0x9000）。

## 思 考 题

本实验中如果每个路口的时间为精确 1 s 的倒计时定时如何实现？

# 实验十一 串并转换实验

## 实 验 目 的

1. 掌握单片机串行口方式 0 工作方式及编程方法；
2. 掌握利用串行口扩展 I/O 通道的方法。

## 实 验 原 理

串行口工作在方式 0 时，可通过外接移位寄存器实现串并行转换。在这种方式下，数据为 8 位，只能从 RXD 端输入输出，TXD 端总是输出移位同步时钟信号，其波特率固定为晶振频率 1/12。由软件置位串行控制寄存器(SCON)的 REN 后才能启动串行接收，在 CPU 将数据写入 SBUF 寄存器后，立即启动发送。待 8 位数据输完后，硬件将 SCON 寄存器的 TI 位置 1，TI 必须由软件清零。

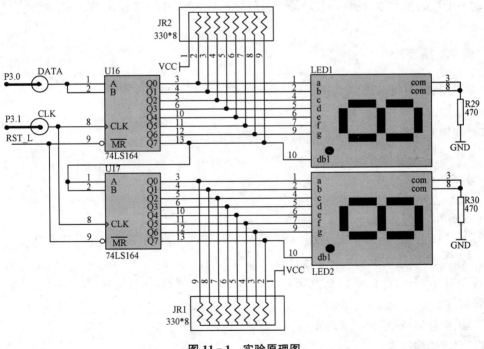

**图 11-1 实验原理图**

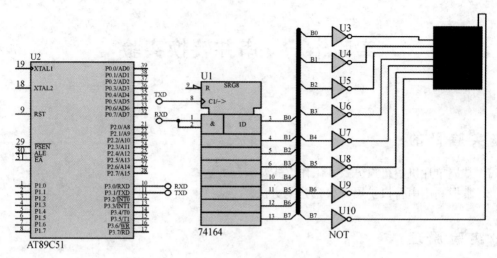

**图 11-2　仿真实验原理图**

 ## 实 验 内 容

　　利用 8051 串行口和串行输入并行输出移位寄存器 74LS164，扩展一个 8 位输出通道，用于驱动一个数码显示器，在数码显示器上循环显示从 8051 串行口输出的 0~9 这 10 个数字。

## 实 验 预 习

　　1. 根据实验内容画出流程图；
　　2. 根据流程图编写程序；
　　3. 利用 Keil 和 Proteus 进行软件仿真调试。

## 实 验 步 骤

　　1. 按仿真器复位键；
　　2. 在 PC 机处于在 Win9X/2000/XP 软件平台下，单击 Keil 图标，进入 Keil 环境；
　　3. 在 Keil 中建立工程文件并按流程图编写源码；
　　4. 在 Keil 中设置 Keil 仿真为"use monitor-51 driver"，并设置相应的串口和波特率，编译调试程序；
　　5. 运行程序，观察并记录现象；
　　6. 完成实验报告。

## 实 验 连 线

　　1. 将串并转换区 DATA 插孔接 P3.0(RXD)插孔；

2. 将串并转换区 CLK 插孔接 P3.1(TXD)插孔。

 **思 考 题**

单片机串口工作在方式 0 时是否支持同时发送和接收数据？其他方式呢？

# 实验十二　单片机串行口应用实验（与 PC 机通信）

### 实验目的

1. 掌握串行口工作方式的程序设计，掌握单片机通信程序的编制方法；
2. 了解实现串行通信的硬环境，数据格式的协议，数据交换的协议；
3. 了解 PC 机通信的要求。

### 实验原理

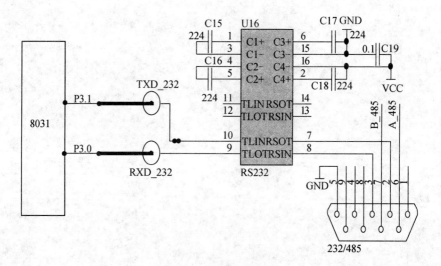

图 12 - 1　实验原理图

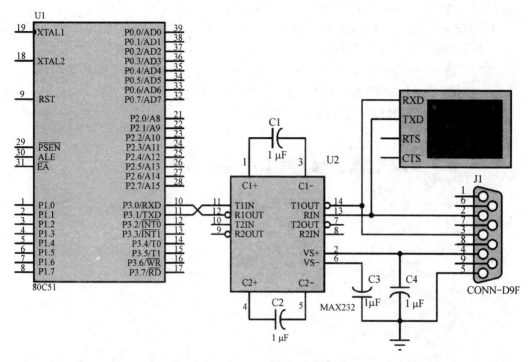

图 12 - 2  仿真实验原理图

编程提示：发送采用查询方式，接收采用中断方式。

 **实 验 内 容**

1. 利用 8051 单片机串行口，实现与 PC 机通信；
2. 本实验实现以下功能：
① 从 8051 向 PC 发送若干字符；
② 从串口助手接收区上能接收到；
③ 从串口助手发送字符到 8051，8051 接收到以后再发送回 PC 机的串口助手的接收区。

**实 验 预 习**

1. 根据实验内容画出流程图；
2. 根据流程图编写程序；
3. 利用 Keil 和 Proteus 进行软件仿真调试。

**实 验 步 骤**

1. 按仿真器复位键；
2. 在 PC 机处于在 Win9X/2000/XP 软件平台下，单击 Keil 图标，进入 Keil 环境；

3. 在 Keil 中建立工程文件并按流程图编写源码；

4. 在 Keil 中设置 Keil 仿真为"use monitor - 51 driver"，并设置相应的串口和波特率（保证仿真器与 PC 机正常通信），编译调试程序；

5. 在 PC 机上运行串口助手界面如图 12 - 3 所示（注意串口助手的串口不能和仿真器串口冲突，并且波特率及校验位，停止位等要和程序中的设置一致）。

6. 连续运行程序，观察并实验现象；

7. 完成实验报告。

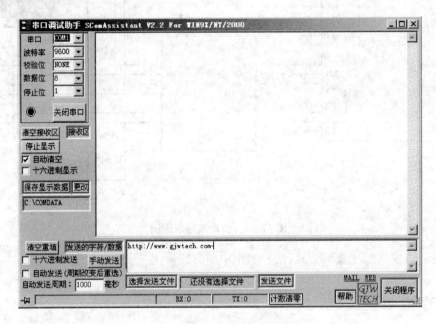

图 12 - 3  上位机串口助手界面

### 实 验 连 线

1. 系统扩展区 1 的 P3.0 连 RS232/485 接口区中的 RXD_232，P3.1 连 TXD_232；

2. 将随机配备的通信线一头插到 RS232/485 通信接口上，另一头插到 PC 机空余的串行口上。

### 思 考 题

1. 实验中对发送方和接收方串行口的波特率有什么特别的要求？为什么？

2. 如何设置 PC 的串口参数？

3. 串口设为中断接收有什么好处？

# 实验十三 A/D 转换 0809 应用实验

## 实 验 目 的

1. 掌握 A/D 转换与单片机的接口方法；
2. 掌握 A/D 芯片 0809 转换性能及编程方法；
3. 通过实验了解单片机如何进行数据采集。

## 实 验 原 理

A/D 转换器大致分有三类：一是双积分 A/D 转换器，优点是精度高，抗干扰性好，价格便宜，但速度慢；二是逐次逼近式 A/D 转换器，精度、速度、价格适中；三是并行 A/D 转换器，速度快，价格也昂贵。实验用 ADC0809 属第二类，是 8 位 A/D 转换器。每采集一次一般需 100 $\mu$s。由于 ADC0809 A/D 转换器转换结束后会自动产生 EOC 信号（高电平有效），取反后将其与 8051 的 INT0 相连，可以用中断方式读取 A/D 转换结果。

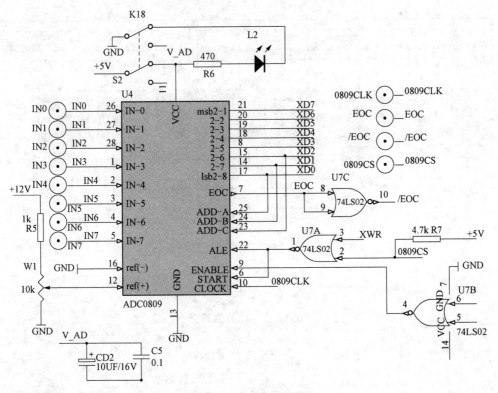

**图 13 - 1 AD0809 原理图**

ADC0809 是脉冲启动，如果 0809 直接与系统总线连接，转换启动信号可由系统的 IOW（IOR）信号与芯片的地址信号共同来控制，当系统完成对芯片的写（读）操作时，可以产生转换启动的脉冲信号，这个脉冲信号只与 IOW（IOR）及地址信号有关，而与读写周期中出现在数据总线上的数据无关。ADC0809 的 START 转换信号还可以通过并口提供。

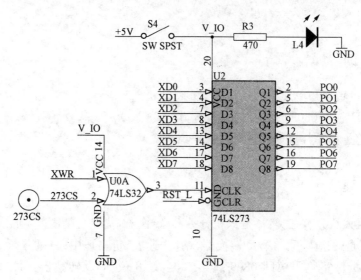

图 13-2 I/O 扩展电路

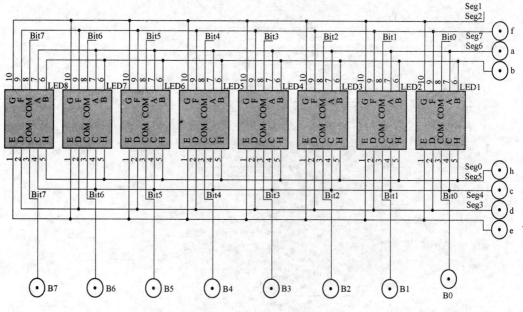

图 13-3 LED 原理图

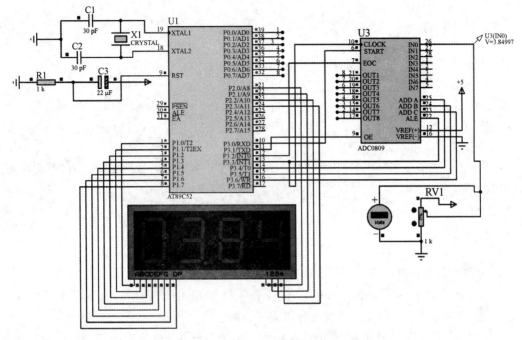

**图 13‑4　仿真实验原理图**

编程提示：

1. 实验中 273cs 和 0809cs 分别连接 Y3 和 Y1 对应的片选地址为：0xb000、0x9000 要包含头文件 absacc. h；通道 IN0 的地址为 0x9000；

2. 关键语句

```
uchar    xdata    * ad_adr;              //定义指向通道的指针
uchar    i＝0;
ad_adr＝&IN0;                            //指针指向通道 0
* ad_adr＝i;                             //启动通道 0 转换
.
.
x＝* ad_adr;                             //接收当前通道转换结果，存入变量中
```

3. x 的值理论上应该在 0x00～0xff 之间，因 0809 理论上满量程为 5 v 所以要根据对应关系算出对应的电压值，并用取余和取模的方法分别计算出对应电压值得个位、十位通过绝对地址 XBYTE[0xb000]送 LED；

4. LED 显示采用动态扫描法。

## 🔧 实 验 内 容

利用实验仪上的 0809 做 A/D 转换实验，左面控制板电位器(0～5 V)提供模拟量输入。编制程序，将模拟量转换成数字量，通过数码管来显示。

**实 验 预 习**

1. 根据实验内容画出流程图；

2. 根据流程图编写程序；

3. 利用 Keil 和 Proteus 进行软件仿真调试（注意 Proteus 仿真和实际实验中的区别）：

a）Proteus 仿真实验中，start 信号由 P3.0 高低电平来实现，通道选择由 P3.4，P3.5，P3.6 组合选择；

b）Proteus 仿真实验不需要用绝对地址方式 XBYTE[0xb000] 对 LED 赋值，直接把显示码送 P1 口）。

 **实 验 步 骤**

1. 按仿真器复位键；

2. 在 PC 机处于在 Win9X/2000/XP 软件平台下，单击 Keil 图标，进入 Keil 环境；

3. 在 Keil 中建立工程文件并按流程图编写源码；

4. 在 Keil 中设置 Keil 仿真为"use monitor‑51 driver"，并设置相应的串口和波特率，编译调试程序；

5. 运行程序，调节 W1 观察 LED，记录实验现象及结果；

6. 完成实验报告。

 **实 验 连 线**

1. 把模数转换区 0809 的 0 通道 IN0 用插针线接至电位器（0～5 V）的中心抽头插孔；同时将电位器 0～5 V 插孔与数字电压表的输入 Vin 插孔相连；

2. 把模数转换区 0809CS 端接译码输出端 Y1（地址为：0x9000）插孔（仿真插头所在扩展总线区）；

3. 把 273CS 接 Y3（地址为：0xb000）；

4. 0809 的 CLK 插孔与固定脉冲 500 kHz 相连；

5. 调节 W1，使 0809 芯片的 12 脚（REF＋）端为＋5 V（出厂时已调好）；

6. I/O 扩展区 PO0～PO7 分别接右面扩展板数码管的 a～g；

7. 任选两个数码管的位选（如 B0，B1）接 P1.0，P1.1；

8. 打开模数转换区的电源开关 S2。

**思 考 题**

如果测量其他通道的值如何处理？

# 实验十四　D/A 0832 应用实验

## 实验目的

1. 掌握 D/A 转换与单片机的接口方法；
2. 掌握 D/A 转换芯片 0832 的性能及编程方法；
3. 掌握单片机系统中扩展 D/A 转换芯片的基本方法。

## 实验原理

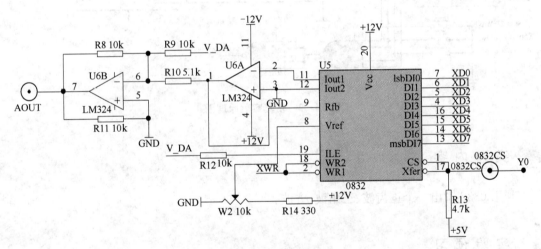

图 14-1　实验原理图

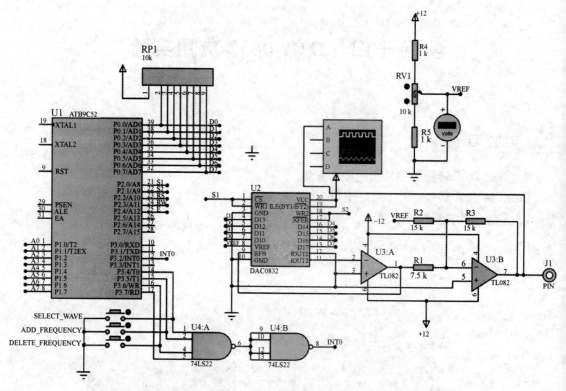

**图 14-2 仿真实验原理图**

 **实 验 内 容**

利用 0832 输出一个锯齿波、三角波、方波。

**实 验 预 习**

1. 根据实验内容画出流程图;
2. 根据流程图编写程序;
3. 利用 Keil 和 Proteus 进行软件仿真调试。

**实 验 步 骤**

1. 按仿真器复位键;
2. 在 PC 机处在 Win9X/2000/XP 软件平台下,单击 Keil 图标,进入 Keil 环境;
3. 在 Keil 中建立工程文件并按流程图编写源码;
4. 在 Keil 中设置 keil 仿真为"use monitor-51 driver",并设置相应的串口和波特率,编译调试程序;
5. 用示波器测量 D/A 转换输出端 AOUT,K0,K1,K2 能分别有锯齿波、三角波、方波输出；

　　6. 记载相应波形的各个参数,记录在实验报告上。

## 实 验 连 线

　　1. 把数模转换区 0832CS 信号线接至译码输出插孔 Y0(仿真插头所在扩展总线区);
　　2. 系统扩展区 1 的 P1.0～P1.2 用插针连至 K0,1,2;
　　3. 调节 W2 使 0832 的第 8 脚(VREF)为＋5 V;
　　4. 打开数模转换区的电源开关 S3。

## 思 考 题

　　1. 如何改变各波形的频率、幅度?
　　2. 如何输出正弦波?

第三部分

# 提 高 实 验

# 实验十五 LCD 12864 显示实验

## 实 验 目 的

1. 掌握单片机与液晶显示器之间接口设计与编程；
2. 学会字符点阵式液晶显示器显示汉字或图形的方法；
3. 掌握运用 Proteus 进行仿真的方法。

## 实 验 原 理

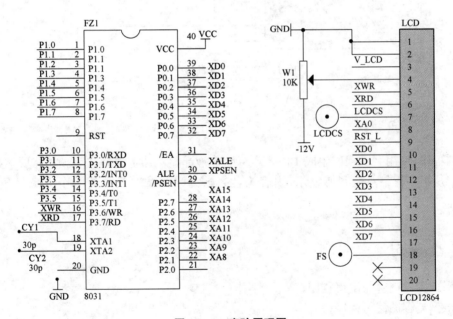

**图 15 - 1　实验原理图**

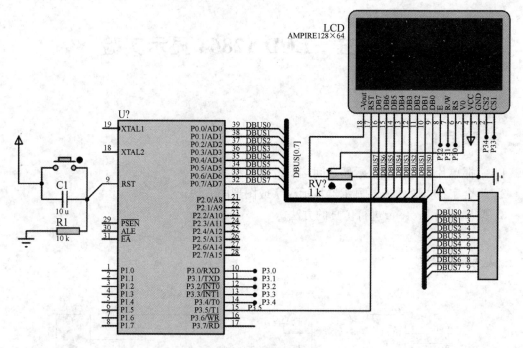

**图 15－2　仿真实验原理图**

 **实 验 内 容**

编制程序,使用字模软件生成 16＊16 字库,在液晶显示器上显示文字。具体要求如下:
文字从第一行最左边开始显示,内容为:"××××学院",第二行为个人学号数字使用
8＊16点阵字库。

**实 验 预 习**

1. 根据实验内容画出流程图;
2. 根据流程图编写程序;
3. 利用 Keil 和 Proteus 进行软件仿真调试。

**实 验 步 骤**

1. 按仿真器复位键;
2. 在 PC 机处于在 Win9X/2000/XP 软件平台下,单击 Keil 图标,进入 Keil 环境;在 Keil
中建立工程文件并按流程图编写源码;
3. 在 Keil 中设置 Keil 仿真为"use monitor－51 driver",并设置相应的串口和波特率,编
译调试程序;
4. 观察记录实验现象;

5. 完成实验报告。

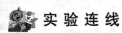 **实 验 连 线**

1. LCD 液晶显示接口区 LCDCS 接 Y0；
2. LCD 液晶显示接口区 FS 插孔接地；
3. 打开开关 SLCD，指示灯 LLCD 点亮。

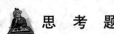 **思 考 题**

LCD12864 如何显示图形，比如 0832 输出的三角波？

# 实验十六　电子音乐实验

 实 验 目 的

1. 进一步熟悉单片机定时器/计数器的功能及应用；
2. 掌握其初始化与中断服务程序的编程方法；
3. 掌握用定时器/计数器产生不同频率方波的编程方法；
4. 了解计算机发出不同音调声音的编程方法。

## 实 验 原 理

单片机的定时器/计数器 0 作定时器使用,工作于模式 1,中断产生方波发声,根据简谱中各个音阶的频率,计算对应的定时时间常数,定时器中断后按此常数赋初值,从而发出对应的音调。将歌曲的音调和节拍各编成一个表(数组),用音调作为定时器的初值,用节拍控制发音时间,就可以实现自动演奏乐曲。

产生音阶定时初值的计算:根据下表的音阶频率,计算对应的音阶周期 T,用 T/2 计算定时周期数(晶振 11.059 2 MHz),填入下表中。定时器的计数初值为 65 536 一定时周期数,由程序计算产生。定时周期数增加 1 倍,音阶降低八度,定时周期数降低 1 倍,音阶升高八度。

| 音阶(C 调) | 1 | 2 | 3 | 4 | 5 | 6 | 7 |
| --- | --- | --- | --- | --- | --- | --- | --- |
| 频率(Hz) | 256 | 288 | 320 | 341 | 384 | 427 | 480 |
| 周期(μs) | 3906 | 3472 | 3125 | 2932 | 2604 | 2342 | 2083 |
| 半周期数 | 1 800 | 1 600 | 1 440 | 1 351 | 1 200 | 1 079 | 960 |

音阶表的编码规则为,音阶 1-7 用 11-17 表示,高八度音阶 1-7 用 21-27 表示,低八度音阶 1.-7. 用 1-7 表示。

节拍表的编码规则为:1 拍为 16,约 570mS,1/2 拍为 8,1/4 为 4,依此类推。

下面是《康定情歌》的简谱及编码,上一行数字是音阶编码,下一行数字是节拍编码。

$\underline{3\ 5}\ \underline{6}\ \underline{6\ 5}$ | $\overset{\frown}{\underline{6}\ \ 3}\ \ 2 \cdot \underline{2}$ | $\underline{3\ 5}\ \underline{6}\ \underline{6\ 5}$ | $6\ \ \ \ 3\ \ \ \ 3$ | $\underline{3\ 5}\ \underline{6}\ \underline{6\ 5}$

跑 马 溜 溜 的　山　　上　　有 个 溜 溜 的　云　呦，　端 端 溜 溜 的

13, 15, 16, 16, 15,　16, 13,　12, 12,　13, 15, 16, 16, 15, 16,　13, 13,　13, 15, 16, 16, 15,

8, 8, 8, 4, 4,　8, 8, 12, 4,　8, 8, 8, 4, 4, 8,　16,　8, 8, 8, 4, 4,

$\overset{\frown}{\underline{6}\ \ 3}\ \ 2 \cdot \underline{2}$ | $\underline{5}\ \ 3\ \ \underline{2\,3}\,\underline{2\,1}$ | $2 \cdot\ \ \ \overset{\frown}{6 \cdot}$ | $\underline{6}\ \ \ 2 \cdot$

飘　过　康 定 溜 溜 的　城　呦。　　月　儿

16, 13, 12, 12,　15, 13, 12,13,12,11,　12,　6,　　6,　12,

8, 8, 12, 4,　8, 8, 4, 4, 4, 4,　8,　24,　　8,　24,

$\overset{\frown}{5\ \ \ 3}$ | $\overset{\frown}{2\ \ \ 6}$ | $6 \cdot$ | $\underline{5}\ \ 3\ \ \underline{2\,3}\,\underline{2\,1}$ | $2\ \ 6$ | $\overset{\frown}{5}\ \ \ \ 6$

弯　　弯　　康 定 溜 溜 的 城 呦。

15, 13,　12, 6,　6, 15,13, 12,13,12,11,　12, 6,　5,　6

8, 24,　8, 16,　8, 8, 4, 4, 4, 4,　8,16,　8,　32

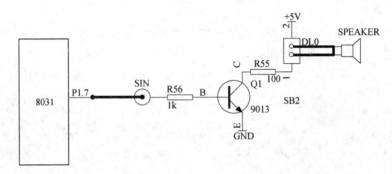

图 16 - 1　实验原理图

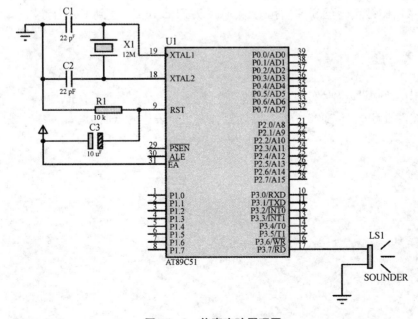

图 16 - 2　仿真实验原理图

**实 验 内 容**

利用定时器产生不同频率的方法,组成乐谱由单片机进行处理由 P1.7 口发出音乐。

 **实 验 预 习**

1. 根据实验内容画出流程图;
2. 根据流程图编写程序;
3. 利用 Keil 和 Proteus 进行软件仿真调试。

 **实 验 步 骤**

1. 按仿真器复位键;
2. 在 PC 机处于在 Win9X/2000/XP 软件平台下,单击 Keil 图标,进入 Keil 环境;在 Keil 中建立工程文件并按流程图编写源码;
3. 在 Keil 中设置 Keil 仿真为"use monitor‐51 driver",并设置相应的串口和波特率,编译调试程序;
4. 观察记录实验现象;
5. 完成实验报告。

**实 验 连 线**

把 P1.7 用插针线连至 SIN 插孔上,喇叭插头 SPEAKER 连到 DL0 上。

**思 考 题**

1. 将程序改成演奏别的乐曲;
2. 将按键设计成 16(或 8 个)音调,随意弹奏想要表达的歌曲。

# 实验十七 串行 $E^2PROM$ 读写实验

## 实 验 目 的

1. 了解掌握 $I^2C$ 总线的原理和应用;
2. 利用单片机的 I/O 口产生 $I^2C$ 总线 SDA、SCL。

## 实 验 原 理

可用电擦除可编程只读存储器 $E^2PROM$ 可分为并行和串行两大类。并行 $E^2PROM$ 读写数据是通过 8 位数据总线传输,而串行 $E^2PROM$ 的数据是一位一位的传输。虽然与并行 $E^2PROM$ 相比,串行传输数据较慢,但它具有体积小、专用 I/O 口少、低廉、电路简单等优点,因此广泛用于智能仪器、仪表设备中。美国 Catalyst 公司出品的 CAT24WCXX 是一个 $1\sim256$ k 位的支持 $I^2C$ 总线数据传送协议的串行 CMOS $E^2PROM$,可用电擦除,可编程自定义写周期(包括自动擦除时间不超过 10 ms,典型时间为 5 ms)的。串行 $E^2PROM$ 一般具有两种写入方式:一种是字节写入方式,还有另一种页写入方式。允许在一个写周期内同时对 1 个字节到一页的若干字节的编程写入,1 页的大小取决于芯片内页寄存器的大小。其中,CAT24WC01 具有 8 字节数据的页面写能力,CAT24WC02/04/08/16 具有 16 字节数据的页面写能力,CAT24WC32/64 具有 32 字节数据的页面写能力,CAT24WC128/256 具有 64 字节数据的页面写能力。

CAT24WCXX 系列 $E^2PROM$ 提供标准的 8 脚表面安装的 SOIC 封装。CAT24WC01/02/04/08/16/32/64、CAT24WC128、CAT24WC256 管脚排列图分别为如图 17-1(a)、(b)、(c)所示,其管脚功能描述如表所示。

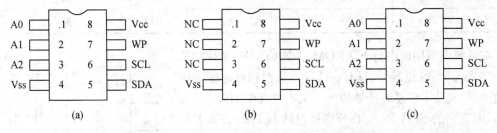

图 17-1 CAT24WXX 系列串行 $E^2PROM$ 管脚排列图

SCL:串行时钟。这是一个输入管脚,用于产生器件所有数据发送或接收的时钟。

SDA:串行数据/地址。这是一个双向传输端,用于传送地址和所有数据的发送和接收。它是一个漏极开路端,因此要求接一个上拉电阻到 $V_{CC}$ 端(典型值为 100 kHz 是为 10 k,400 kHz 是为 1 k)。对于一般的数据传输,仅在 SCL 为低期间 SDA 才允许变化。在 SCL 为高期间变化,留给指示 START(开始)和 STOP(停止)条件。

A0、A1、A2:器件地址输入端。这些输入端用于多个器件级联时设置器件地址,当这些脚悬空时默认为 0(CAT24WC01 除外)。

WP:写保护。如果 WP 管脚连接到 VCC,所有的内容都被写保护(只能读)。当 WP 管脚连接到 VSS 或悬空。允许器件进行正常的读/写操作。

主器件通过发送一个起始信号启动发送过程,然后发送它所要的寻址的从器件的地址。8 位从器件地址的高 4 位 D7 - D4 固定为 1 010(如表 3.2 所示),接下来的 3 位 D3 - D1(A2、A1、A0)为器件的片选地址位或作为存储器页地址选择位,用来定义哪个器件以及器件的哪个部分被主器件访问,最多可以连接 8 个 CAT24WC01/02,4 个 CAT24WC04,2 个 CAT24WC08,8 个 CAT24WC32/64,4 个 CAT24WC156 器件到同一总线上,这些位必须与硬件连线输入脚 A2、A1、A0 相对应。1 个 CAT24WC16/128 可单独被系统寻址。从器件 8 位地址的最低位 D0,作为读写控制位。"1"表示对从器件进行读操作,"0"表示对从器件进行写操作。在主器件发送起始信号和从器件地址字节后,CAT24WCXX 监视总线并当其地址与发送的从地址相符时响应一个应答信号(通过 SDA 总线)。CAT24WCXX 再根据读写控制位(R/W)的状态进行读或写操作。表 1.2 中 A0、A1、和 A2 对应器件的管脚 1、2 和 3,A8、A9、A10 对应为存储阵列页地址选择位。

**表 17 - 1　从器件地址表**

| 型　　号 | 控制码 | 片　　选 | | | 读/写 | 总线访问的器件 |
|---|---|---|---|---|---|---|
| XAT24WC01 | 1010 | A2 | A1 | A0 | I/O | 最多 8 个 |
| XAT24WC02 | 1010 | A2 | A1 | A0 | I/O | 最多 8 个 |
| XAT24WC04 | 1010 | A2 | A1 | A0 | I/O | 最多 4 个 |
| XAT24WC08 | 1010 | A2 | A1 | A0 | I/O | 最多 2 个 |
| XAT24WC16 | 1010 | A2 | A1 | A0 | I/O | 只有 1 个 |
| XAT24WC32 | 1010 | A2 | A1 | A0 | I/O | 最多 8 个 |
| XAT24WC64 | 1010 | A2 | A1 | A0 | I/O | 最多 8 个 |
| XAT24WC128 | 1010 | X | X | X | I/O | 只有 1 个 |
| XAT24WC256 | 1010 | 0 | A1 | A0 | I/O | 最多 4 个 |

本系统中所用的串行 $E^2$ PROM 是 XAT24WC02,它是 256×8 位 CMOS 位器件,具有在线改写数据和自动擦除功能,它同样支持 $I^2C$ 总线传输协议。基本原理图如图 17 - 2 所示,由于它的 SDA 和 SCL 分别通过线与 P3.0、P3.1 相连,因此它是字节方式的硬件 $I^2C$ 总线。

这样由图可知:A2A1A0＝000,WP＝0 数据可读可写(没有被保护),且由数据手册可知 A7A6A5A4＝1010。

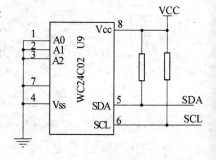

**图 17 - 2　CAT24WC02 硬件原理图**

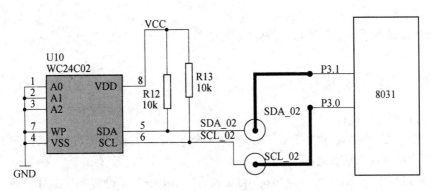

图 17‑3　实验原理图

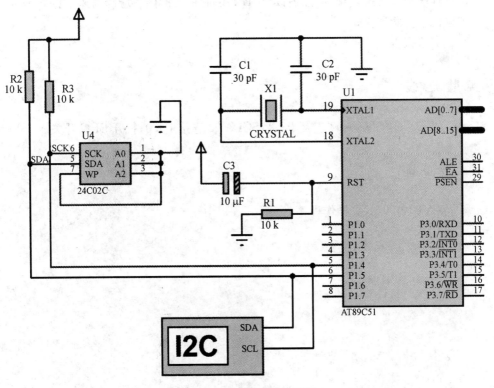

图 17‑4　仿真实验原理图

 **实 验 内 容**

编写读写 $E^2 PROM(24C02)$ 程序，把写入到 $E^2 PROM$ 中的 8 个数据 55、56……，再读到单片机的内存 0x1FF 开始的单元中。

**实 验 预 习**

1. 根据实验内容画出流程图；

2. 根据流程图编写程序；

3. 利用 Keil 和 Proteus 进行软件仿真调试。

 **实 验 步 骤**

1. 按仿真器复位键；

2. 在 PC 机处于在 Win9X/2000/XP 软件平台下，单击 Keil 图标，进入 Keil 环境；在 Keil 中建立工程文件并按流程图编写源码；

3. 在 Keil 中设置 Keil 仿真为"use monitor - 51 driver"，并设置相应的串口和波特率，编译调试程序；

4. 运行程序数秒后按复位键，然后读 0X1FF 以后单元的内容应与写入的内容一致。

5. 观察记录实验现象；

6. 完成实验报告。

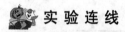 **实 验 连 线**

串行 E²PROM 区 SDA - 02 连接 P3.1，SCL - 02 连接 P3.0；打开 SI²C 开关。

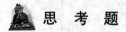 **思 考 题**

试编写 XAT24WC02 页操作程序。

# 实验十八　I²C 智能卡读写实验

 **实 验 目 的**

1. 熟悉 IC 卡(I²C 存储卡的简称)工作原理及 I²C 总线结构；
2. 利用单片机的 I/O 口线 P3.0、P3.1 产生 I²C 总线 SCL、SDA。

**实 验 原 理**

AT24C01 卡是一种 E²ROM 存储卡，容量为 128×8 位，菜用 I²C 总线结构，其卡的结构
与引脚排列如下：

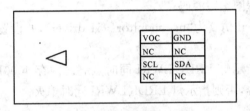

**AT24C01A 卡的结构及引**

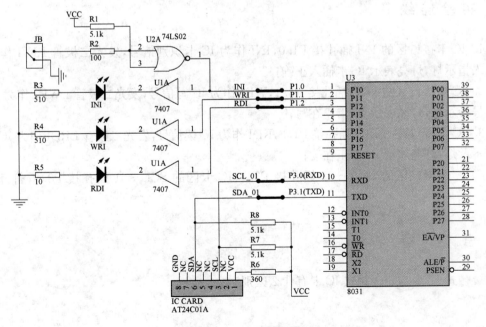

**图 18-1　实验原理图**

**实 验 内 容**

　　本实验以 AT24C01 卡为例,根据 AT24C01 卡的读写时序,编写读写卡的程序,把写入 IC卡的数据再读到内存 0x4000～0x407E 单元中。

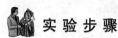 **实 验 预 习**

　　1. 根据实验内容画出流程图;
　　2. 根据流程图编写程序。

**实 验 步 骤**

　　1. 按仿真器复位键;
　　2. 在 PC 机处于在 Win9X/2000/XP 软件平台下,单击 Keil 图标,进入 Keil 环境;在 Keil中建立工程文件并按流程图编写源码;
　　3. 在 Keil 中设置 Keil 仿真为"use monitor‐51 driver",并设置相应的串口和波特率,编译调试程序;
　　4. 如果读写正确,指示灯 LRDI、LWRI 同时点亮。内存 4000H～407EH 单元中为 55、56、57、58……D3(H)内容,否则指示灯 LRDI、LWRI 同时熄灭;
　　5. 观察记录实验现象。

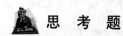 **实 验 连 线**

　　1. IC 卡接口区的 INI 插孔接 P1.0,INI 作为 IC 卡识别信号,发光二极管 LINI 作为 IC卡插入指示灯,灯亮表示 IC 卡插入正确;
　　2. IC 卡接口区的 WRI 插孔接 P1.1,WRI 作为 IC 写信号,发光二极管 LWRI 作为 IC 卡写信号指示灯,灯亮表示 IC 卡正在写;
　　3. IC 卡接口区的 RDI 插孔接 P1.2,RDI 作为 IC 读信号,发光二极管 LRDI 作为 IC 卡读信号指示灯,灯亮表示 IC 卡正在读;
　　4. IC 卡接口区的 SDA‐01 插孔接 P3.1,IC 卡区的 SCL‐01 插孔接 P3.0,打开开关 SI²C。

**思 考 题**

　　接触式 IC 卡与非接触式 IC 卡有什么区别?

第四部分

综合实验

# 一、综合实验报告撰写内容

1. 题目；

2. 内容要求；

3. 目的和意义；

4. 总体方案和设计思路；

5. 原理图及关键电路说明；

6. 软件设计；

7. 仿真及目标系统测试分析；

8. 总结体会；

9. 参考文献。

# 二、课程设计提交的内容

1. 纸质材料：实验报告；

2. 设计光盘：

1）实验报告电子文档；

2）仿真图及实验源码；

3）相关电路原理图和 PCB 图。

# 三、综合实验题目列表

1. 单片机电子时钟设计

要求：利用定时计数器设计一款电子时钟，能在 LCD 上显示时、分、秒。

2. 多路数字电压表

要求：利用 AD0809 对 0～5 V 模拟输入进行数据采集并显示到 LCD 上，同时能和上位机实时通信传输数据；

3. 数字式温度计

要求：设计一个能自动测试环境温度的仪器（提示：可用数字温度传感器 DS18B20，对采集的信号进行调理后送单片机处理并显示，可用 LED 或 LCD 显示）。

4. 多功能函数发生器

要求：利用实验平台设计"多功能函数信号发生器"，可考虑参数可调的设计。

附　录

_____大学

_____学院

课程

实

验

报

告

实验名称：

年级专业班级：　　级专业班级

学号：　　　　　　　　　姓名：

时间：　　　年　月　日

# 一、实验目的、要求：

## 二、实验仪器设备、器件及环境：

| 仪器设备名称 | 规格型号 | 编 号 | 备 注 |
| --- | --- | --- | --- |
| | | | |
| | | | |
| | | | |
| | | | |

# 三、实验方法与原理：

# 四、实验内容与步骤：

**五、实验现象、结果：**

**六、实验体会：**

# 参考文献

[1] DVCC-ZHC3 列单片机实验指导书,启东计算机厂有限公司,2004.1

[2] 谢维成. 单片机原理与应用及 C51 程序设计,清华大学出版社,2006.8

[3] 张齐,朱宁西,毕盛. 单片机原理与嵌入式系统设计-原理、应用、Protues 仿真、实验设计,电子工业出版社,2011.8

**图书在版编目（CIP）数据**

单片机原理与应用实验指导 / 徐家喜主编. —南京
：南京大学出版社，2013.3

应用型本科院校计算机类专业校企合作实训系列教材
ISBN 978 - 7 - 305 - 11405 - 2

Ⅰ．①单… Ⅱ．①徐… Ⅲ．①单片微型计算机－高等
学校－教学参考资料 Ⅳ．①TP368.1

中国版本图书馆 CIP 数据核字（2013）第 087316 号

出版发行　南京大学出版社
社　　址　南京市汉口路 22 号　　　　邮　编　210093
网　　址　http://www.NjupCo.com
出版人　左　健
丛 书 名　应用型本科院校计算机类专业校企合作实训系列教材
书　　名　单片机原理与应用实验指导
主　　编　徐家喜
责任编辑　单　宁　　　　　　　　编辑热线　025-83595860
照　　排　江苏南大印刷厂
印　　刷　南京人文印务有限公司
开　　本　787×1092　1/16　印张 6　字数 150 千
版　　次　2013 年 3 月第 1 版　　2013 年 3 月第 1 次印刷
ISBN　978 - 7 - 305 - 11405 - 2
定　　价　12.00 元

发行热线　025-83594756
电子邮箱　Press@NjupCo.com
　　　　　Sales@NjupCo.com（市场部）